SCHÄFFER
POESCHEL

Martin J. Eppler
Roland A. Pfister

SKETCHING AT WORK

35 starke Visualisierungs-Tools für Manager, Berater, Verkäufer, Trainer und Moderatoren

2012
Schäffer-Poeschel Verlag Stuttgart

SKETCHING AT WORK

Prof. Dr. Martin J. Eppler, Ordinarius für Medien-
und Kommunikationsmanagement, Direktor des
MCM Instituts für Medien- und Kommunikationsmanagement, Universität St.Gallen;
Roland A. Pfister, wissenschaftlicher Mitarbeiter
und Management-Coach am MCM Institut.

Gedruckt auf chlorfrei gebleichtem, säurefreiem und alterungsbe-
ständigem Papier.

Bibliografische Information der Deutschen Nationalbibliothek
Die Deutsche Nationalbibliothek verzeichnet diese Publikation in
der Deutschen Nationalbibliografie; detaillierte bibliografische
Daten sind im Internet über http://dnb.d-nb.de abrufbar.

ISBN 978-3-7910-3212-2

Englischsprachige Originalausgabe:
© 2011 Martin J. Eppler & Roland A. Pfister,
=mcm *institute*, University of St.Gallen
All rights reserved

Deutschsprachige Ausgabe:
© 2012 Schäffer-Poeschel Verlag für Wirtschaft • Steuern • Recht GmbH
www.schaeffer-poeschel.de
info@schaeffer-poeschel.de

Übersetzung: Martin J. Eppler & Roland A. Pfister
Einbandgestaltung: Malte Belau / Melanie Frasch
Gestaltung und Satz: Malte Belau / Roland A. Pfister
Druck und Bindung: Kösel, Krugzell • www.koselbuch.de

Printed in Germany
August 2012

Schäffer-Poeschel Verlag Stuttgart
Ein Tochterunternehmen der Verlagsgruppe Handelsblatt

INHALTSVERZEICHNIS

VORWORT

Wir leben in einer Zeit der Bilder, in der wir von edlen Hochglanzcharts, Infografiken und bunten Präsentationsfolien umgeben sind. Doch viele von uns empfinden diese künstliche Bilderwelt als wenig hilfreich, wenn es darum geht, etwas Schwieriges zu erklären oder ein gemeinsames Verständnis für ein Problem zu entwickeln. Wir finden die ermüdenden Präsentationsrituale mit Dutzenden von Foliengrafiken zermürbend und kommunikationshemmend; sie dienen weder dem effizienten Informationsaustausch, noch der Gruppenkreativität. Präsentationen mit Dutzenden von Schaubildern führen auch selten zu der Art von Energie und Resonanz, die man sich eigentlich erhofft.

Deshalb ist es nicht überraschend, dass sich seit einiger Zeit ein Gegentrend zur Folienschlacht formiert. Anstatt fein säuberlich vorbereitete (und meist überladene) Folien zu präsentieren, entscheiden sich immer mehr Menschen dazu, ihre Inhalte vor anderen grafisch durch Handzeichnungen zu entwickeln und so Aufmerksamkeit, Verständnis und Begeisterung für das Gesagte zu erreichen. Dadurch wirken sie nicht nur authentischer und überzeugender, das Gesagte bleibt nachweislich auch besser in Erinnerung als durch eine Folienpräsentation. Diese und weitere Vorteile von Skizzenzeichnungen fürs Management erläutern wir detailliert in Kapitel 1 dieses Buches.

Die vielen klaren Vorteile von Handzeichnungen für sich selbst zu nutzen, scheint nicht immer einfach, denn viele von uns kennen die Grundformen und Techniken der Visualisierung nicht und zögern, vor anderen und mit anderen zu zeichnen. Um dieses Problem zu lösen, haben wir Sketching at Work geschrieben. Das Buch soll Ihnen ermöglichen, wichtige Themen rasch und klar zu visualisieren, um so Probleme in Gruppen besser lösen zu können. Die einfachen Diagramme und visuellen Metaphern werden es Ihnen ermöglichen, mit einfachen Bildern auch komplexe Themen zügig und für alle nachvollziehbar zu strukturieren. Die mehr als dreißig Vorlagen können dabei ohne zeichnerische Vorbildung auf Papier, Flipcharts, Postern oder sogar Servietten verwendet werden.

Wir hoffen, dass Sie dieser lebendigen und unkomplizierten Art, Probleme zu lösen, eine Chance geben, und so selbst erleben, wie einfach und effektiv visuelle Kommunikation durch Skizzen ist.

Martin J. Eppler und Roland A. Pfister, Juli 2012

1.

EINFÜHRUNG
DIE VORTEILE VON SKIZZEN FÜR KOMMUNIKATION UND ZUSAMMENARBEIT

Warum sollten Sie sich für Skizzen als Arbeits- und Kommunikationswerkzeug interessieren?

Kurz gesagt: weil sie funktionieren. Ein Problem oder eine Idee von Hand zu zeichnen bringt zahlreiche Vorteile fürs Denken, Kommunizieren und Entscheiden – gerade in Gruppen. Diese Vorteile konnten in Dutzenden von Studien nachgewiesen werden. In diesem Kapitel möchten wir einige dieser Studien vorstellen und Ihnen so aufzeigen, was Sie mit Handzeichnungen im Arbeitsleben konkret erreichen können.

Zuerst stellen wir einige Resultate aus der Forschung zu Visualisierung für Sie als Einzelperson vor. Danach widmen wir uns Skizzen als Kommunikations- und Problemlösungsinstrument in Gruppen.

Die Forschung zu Skizzen reicht viele Jahre zurück und erstreckt sich von der Architektur bis zur Psychologie.

Skizzen sind ein mächtiges Denkwerkzeug, das es uns – gemäß Designguru Bill Buxton – ermöglicht, noch unfertige Ideen festzuhalten und schrittweise zu verfeinern. Dieses Werkzeug wurde denn auch in der Geschichte der Menschheit von vielen großartigen Denkern und Machern rege verwendet. Leonardo da Vinci zum Beispiel nutzte Skizzen als Experimentierplattform für sein Denken und Forschen. In seinen Tagebüchern schreibt er, dass ihn Skizzen Neues entdecken lassen und ihn dabei unterstützen, Muster zu erkennen und deutlich zu machen. Auch Charles Darwin benutzte konzeptionelle Skizzen, um seine Evolutionstheorie zu entwickeln. Doch auch viele Manager, wie etwa Jack Welch oder Mark Hurd, nutzen Skizzen, um ihre Mitarbeiter zu führen oder ihre Reden visuell zu unterstützen.

Gerade für Gruppen, die gemeinsam Probleme lösen möchten, sind Skizzen hervorragend geeignete Denkwerkzeuge. Die an der Universität Stanford in Kalifornien forschende und lehrende Psychologieprofessorin Barbara Tversky hat die spezifischen Vorteile von Handzeichnungen für die Zusammenarbeit untersucht und festgestellt, dass sie Gruppen schneller zusammenarbeiten lassen und durch ihre Vorläufigkeit und Revidierbarkeit die Kreativität fördern. Sie ermöglichen den Mitgliedern einer Gruppe, in einer einfachen und direkten Art und Weise ihre vagen Ideen auszudrücken und innovativ zu sein.

Ihre Kollegen Heiser und Silverman weisen zudem auf die folgenden Vorteile von Skizzen für die Gruppenarbeit hin:

- Sie ermöglichen einen gemeinsamen Fokus im Gespräch mit anderen.
- Sie fördern Interaktivität und direkten Austausch zwischen Gruppenmitgliedern.
- Sie schaffen Kooperationsmöglichkeiten und reduzieren unproduktive persönliche Konflikte.
- Sie ermöglichen es uns, ein gemeinsames Verständnis schrittweise zu entwickeln.
- Sie fördern das aktive Zuhören und ermöglichen es uns, Diskutiertes besser in Erinnerung zu behalten.

In einem ganz anderen Gebiet, der Psychoanalyse, hat Mayer untersucht wie Handzeichnungen die Kommunikation zwischen Patient und Therapeut verbessern. Er hat herausgefunden, dass einfache Skizzen einen besseren Zugang zu den Gedanken und Gefühlen eines Menschen schaffen, als nur darüber zu sprechen. Skizzen ermöglichen es, eine kritische Distanz zur eigenen Situation zu schaffen und gemeinsam mit anderen konstruktive Lösungen schrittweise zu entwerfen.

Skizzen werden so zum gemeinsamen Denkwerkzeug und erlauben es einem Patienten und seinem Therapeuten, bisher nicht angesprochene Hoffnungen, Ängste oder Erfahrungen zu thematisieren.

Gemäß Mayer ermöglichen konzeptionelle Handzeichnungen die folgenden wichtigen Vorteile:

- Sie führen zu mehr Engagement und Konzentration.
- Sie unterstützen uns dabei, von konkreten Situationen oder Sachverhalten auf generelle Trends zu schließen (Abstraktions- und Generalisierungsfunktion) .
- Sie signalisieren Unfertigkeit, Subjektivität und Veränderbarkeit und schaffen damit Raum für Erweiterungen oder Korrekturen.
- Sie unterstützen den Perspektivenwechsel und laden ein, Dinge neu zu betrachten.
- Sie helfen Menschen dabei, ihre Grundannahmen in Worte und Bilder zu fassen.
- Sie ermöglichen eine sofortige Dokumentation von Ideen und Entscheiden für spätere Sitzungen.

Die beiden Psychologen Tversky und Suwa haben mit ihrer Forschung ebenfalls nachweisen können, dass Skizzen die Kommunikation in Gruppen unterstützen. Sie schreiben:

Skizzen dienen als einfacher Bezugspunkt für Worte und Gesten. Durch zeigende Ausdrücke wie „hier", „dort", „dieser Teil" oder „so" wird die Kommunikation gleichzeitig einfacher und präziser.

Genau das passiert wenn man mit Skizzen arbeitet: Durch das Zeichnen, Verweisen und Verbinden und durch das Anbringen von Symbolen werden die Konsequenzen des Diskutierten sichtbar. Beim Zeichnen entwickelt man so ein gemeinsames Verständnis und denkt das Abgebildete gemeinsam weiter - und dies ohne je den gemeinsamen Fokus zu verlieren.

Aber Skizzen leisten viel mehr, als nur einen gemeinsamen Fokus zu ermöglichen. Beim gemeinsamen Skizzieren gleichen die Beteiligten ihre Sichtweisen an, klären ihre Annahmen, wechseln Perspektiven und denken gemeinsam über mögliche Zukünfte nach. Durch ihre informelle, fast verspielte Art und Weise ermöglichen es Skizzen, einen offenen Dialog zu führen, bei dem man seine eigene Meinung als revidierbar begreift und sich aktiv auf die Sichtweise von anderen einlässt.

Zusammenfassend können wir festhalten, dass Skizzen zahlreiche Vorteile für die Zusammenarbeit in Gruppen bieten. Diese lassen sich in der Abkürzung KARMEN zusammenfassen.

K onzentriert:
Sobald man zeichnet, hören einem die Menschen aufmerksam zu.

A utomatisch:
Gute Skizzen werden automatisch verstanden.

R evidierbar
Skizzen können leicht (gemeinsam) verändert oder erweitert werden und signalisieren so, dass sie unfertig sind.

M erkbar:
Durch Skizzen kommen denkwürdige Interaktionen zustande. Das Schlussbild bleibt allen Beteiligten noch lange in Erinnerung und dient als wichtiger Bezugspunkt.

E inbindend:
Das Interpretieren von Skizzen und das eigene Zeichnen aktiviert Menschen und bindet sie in die Kommunikation ein.

N atürlich:
Weil jeder einfache Striche zeichnen kann, ist Skizzieren eine äußerst natürliche Weise, ein Gespräch zu unterstützen.

Aber wie Carmen aus Bizets gleichnamiger Oper, so sind auch Skizzen gleichzeitig attraktiv und gefährlich. Denn wenn man sie unsachgemäß einsetzt, versetzen sie andere gleichsam in ein Koma, d.h. vermeiden Sie Skizzen mit folgenden Eigenschaften:

K ompliziert:
Skizzen mit vielen unklaren Elementen, die nicht bekannten Formen entsprechen, können verwirren. Erklären Sie deshalb sofort, was Sie zeichnen und zu welchem Zweck.

O hne Fokus:
Überladene Skizzen mit zu vielen Elementen führen dazu, dass man den Fokus verliert. Reduzieren Sie Ihre Skizzen auf das Wesentliche, sprich die Hauptaussage, und ergänzen Sie weitere Informationen nur mündlich.

M anipulativ:
Mit Bildern kann man Menschen auch in die Irre führen. Achten Sie darauf, dass Ihre Skizzen fair und korrekt sind, und schaffen Sie nicht falsche Eindrücke durch Ihre Bilder.

A mbivalent:
Skizzen sollten nicht zu vage sein. Ein Pfeil kann vieles bedeuten; klären Sie also jeweils sofort die Bedeutung von Symbolen oder Strichen.

Um diese Risiken zu vermeiden, sollten Sie auf einige wichtige Richtlinien achten. Diese Hinweise zur optimalen Verwendung von Skizzen finden Sie in Kapitel 3. Zunächst möchten wir Ihnen jedoch anhand eines einfachen Beispiels zeigen, wie Skizzen den Arbeitsalltag erleichtern und verbessern können.

2.

FALLSTUDIE
DURCH SKIZZEN ZUR PRODUKTIVEN SITZUNG

Der Gebrauch von Skizzen kann langwierige (und langweilige) Sitzungen in fokussierte und engagierte Treffen mit hohem Kooperationsgrad verwandeln. Durch einfache und klare visuelle Bezugsrahmen, die Sie zusammen entwickeln und komplettieren, können Sie unterschiedliche Sichtweisen darstellen und kombinieren. Das gemeinsame Skizzieren ermöglicht es, aus vorliegenden Informationen gemeinsame Schlüsse zu ziehen und den Weg in die gemeinsame Zukunft aufzuzeigen. Das folgende typische Beispiel illustriert diese Wirkung von Skizzen anschaulich anhand eines realistischen Sitzungsszenarios.

Stellen Sie sich die folgende Situation vor: Sie sind Projektleiter eines größeren Vorhabens und ihr Team trifft sich, um den aktuellen Status des gemeinsamen Projektes zu besprechen. Wie verändert sich diese Art von Sitzung wohl, wenn Sie gemeinsam skizzieren, anstatt Statuspräsentationen von verschiedenen Teammitgliedern abzusitzen? Wie sieht eine skizzenbasierte Sitzung im Kontrast zu einem normalen Projektreffen aus? Lassen Sie uns den Verlauf dieser skizzengeführten Sitzung beschreiben und sehen Sie selbst, wie Visualisierung die Kommunikation und Zusammenarbeit verbessern und beschleunigen kann.

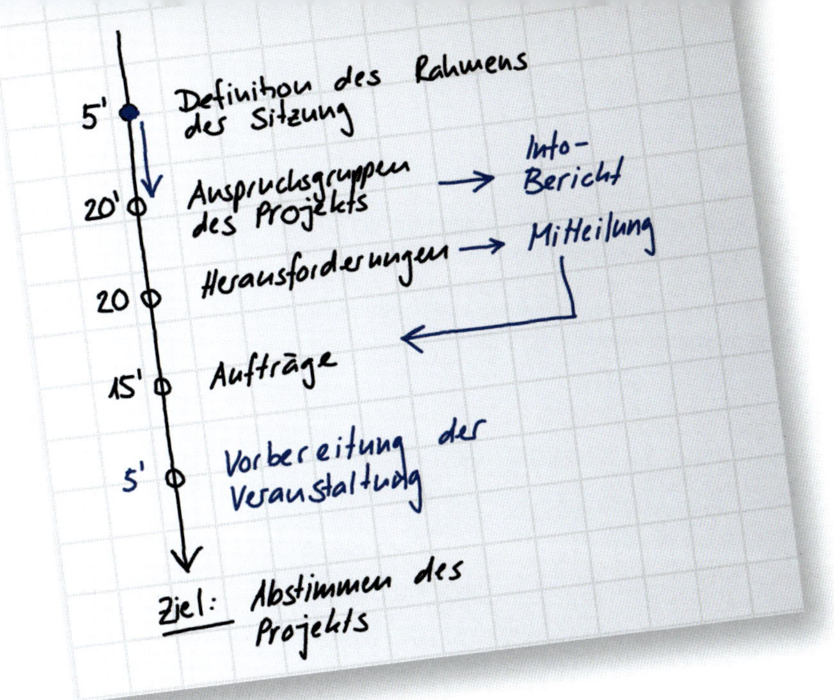

Zum Start der Sitzung zeichnen Sie auf einem Flipchart einen vertikalen Pfeil ein, an dessen Ende Sie das Sitzungsziel notieren. Sodann notieren Sie auf dem Pfeil die wichtigsten Schritte in der Sitzung auf dem Weg zum Ziel. Sie fragen dabei die Sitzungsteilnehmer, ob diese Punkte alle notwendig und in der Reihenfolge korrekt aufgeführt sind. Ein Kollege kann dabei ein weiteres wichtiges Thema ergänzen (vgl. Abbildung 1).

Abbildung 1: Die Sitzungsagenda klärt das Sitzungsziel, den Sitzungsverlauf und den momentanen Sitzungsfokus.

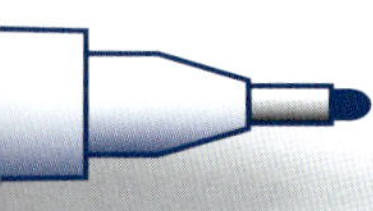

Um die Zeit effizient zu nutzen, tragen Sie nun für jeden Agendapunkt die notwendigen Informationen und die zu treffenden Entscheidungen ein. Zudem notieren Sie für jeden Agendapunkt ein provisorisches Zeitfenster in Minuten.

Nachdem Sie den Zweck und Umfang der Sitzung geklärt haben, beginnen Sie mit dem ersten Thema, einer Situationsanalyse Ihres Projektes. Um die verschiedenen Interessen im Umfeld des Projektes besser zu verstehen, erstellen Sie gemeinsam mit Ihren Kollegen eine Karte der Interessensgruppen, eine sogenannte Anspruchsgruppenkarte. Dazu versammeln Sie Ihre Kollegen um ein großes Poster herum, auf dem nun jeder Menschen, Gruppen oder Organisationen verortet, die ein spezifisches Interesse am Projekt haben (vgl. Abbildung 2). Zum Schluss dieser Diskussion fällt einem Teilnehmer auf, dass eine wichtige Anspruchsgruppe vergessen wurde, nämlich die Behörden und deren Auflagen. Die Diskussion zeigt, dass es sich dabei um einen sehr wichtigen, aber noch wenig bekannten Bezugspunkt für das Projekt handelt.

Abbildung 2: *Die Anspruchsgruppen im Umfeld des Projektes und deren Ziele in Bezug auf das Projekt.*

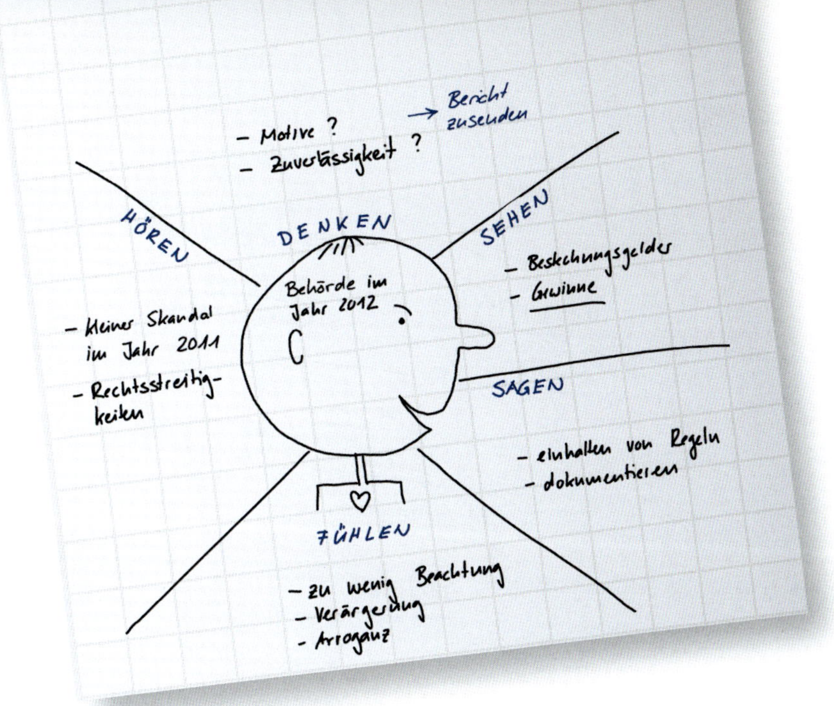

Um ein besseres Verständnis über diesen vergessenen Akteur zu erhalten, zeichnen Sie auf einem zusätzlichen Flipchart eine sogenannte Empathiekarte dieses Akteurs (vgl. Abbildung 3). Mithilfe dieser Skizze teilen Sie das gesamte Wissen, welches Sie und Ihre Kollegen über diesen Akteur besitzen, mit dem Team. Aus dieser kurzen Analyse ergeben sich wiederum Aufgaben, die Sie auf der Sitzungsagenda festhalten.

Abbildung 3: *Eine Empathiekarte des ursprünglich vergessenen Akteurs.*

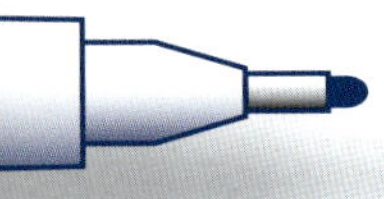

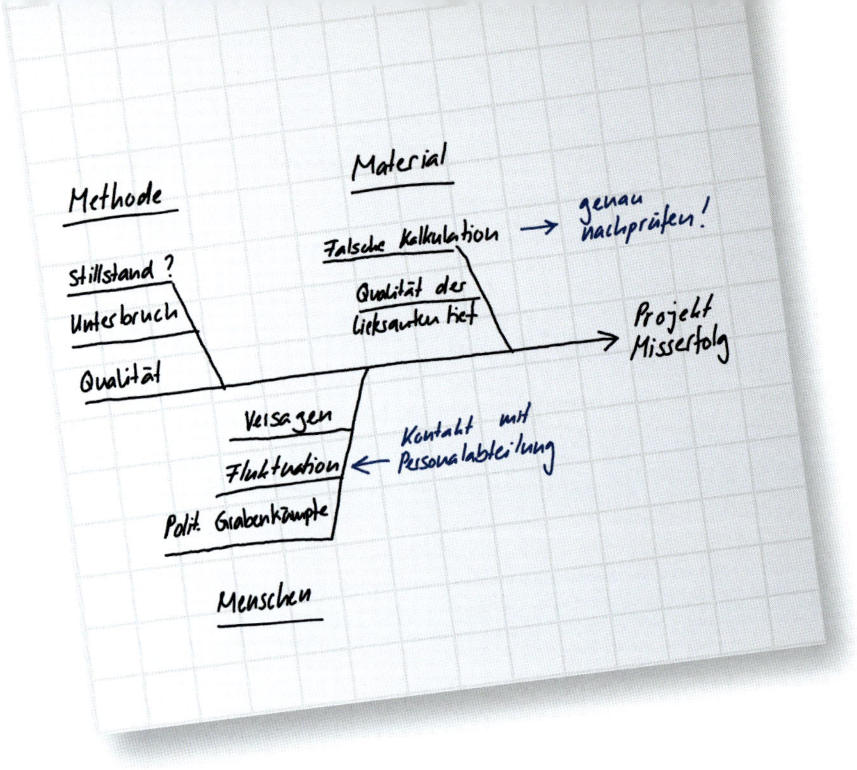

Nachdem Sie nun den allgemeinen Status quo des Projektes diskutiert haben, geht es darum, dass Sie sich auf die aktuellen Herausforderungen konzentrieren können. Um diese zu diskutieren, bedienen Sie sich der Fischgrätegrafik (vgl. Abbildung 4). Diese unterstützt Sie im Zusammentragen der Ansichten Ihrer Teammitglieder in Bezug auf Herausforderungen und Risiken in diesem Projekt.

Abbildung 4: *Die interaktive Zusammenstellung von Herausforderungen und Risiken sowie Maßnahmen.*

Anschließend markieren Sie jene Punkte mit einer weiteren Farbe, denen Sie zusätzliche Aufmerksamkeit schenken müssen oder die Sie vertieft diskutieren sollten.

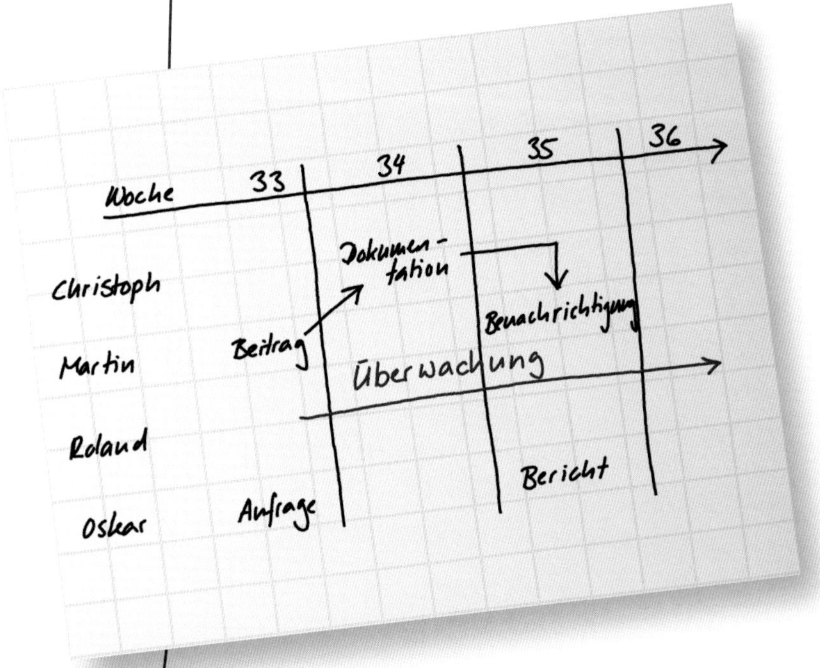

Zum Abschluss der Sitzung überprüfen Sie die neuen Aufgaben und visualisieren diese, indem Sie diese auf einer Zeitleiste auf dem Flipchart verorten (vgl. Abbildung 5). Dadurch werden die Abhängigkeiten und Beziehungen zwischen den verschiedenen Aufgaben für alle Teammitglieder sicht- und nachvollziehbar. Bezeichnen Sie auch für jede Aufgabe das verantwortliche Teammitglied, indem Sie den jeweiligen Namen direkt auf der Zeitleiste notieren. Jeder sieht nun auf einen Blick, welche Aufgaben bis zu welchem Zeitpunkt angegangen werden müssen. Zusätzlich wird sichtbar, wie sich die eigene Arbeit auf andere auswirkt und wie die einzelnen Aufgaben verteilt wurden.

Abbildung 5: *Die Zeitleiste stellt visuell dar, wer welche Aufgabe bis wann zu erledigen hat.*

Nach einer Stunde habe Sie nun also nicht nur erfolgreich alle Punkte der Traktandenliste, einschließlich einer Anspruchsgruppen- und Risikoanalyse des Projekts, abgeschlossen, sondern durch diese Art der Zusammenarbeit das gesamte Team visuell in gemeinsame Denkarbeit involviert. Viele der zuvor ungeteilten Informationen konnten an die Oberfläche gebracht und damit in die Entscheidungsfindung mit einbezogen werden. Dadurch wurden wichtige neue Erkenntnisse gewonnen, die auch alle Teilnehmer verstanden haben.

Statt dass sich die Teilnehmer gegenseitig mit statischen und unvollständigen Folien gelangweilt haben, hat das Team nun die positive Erfahrung gemacht, dass alle wirksam zusammengearbeitet haben, um die anstehenden Aufgaben zu erledigen.

3.

ANLEITUNG
EINFACHE SKIZZIERRICHTLINIEN

Im ersten Kapitel haben wir gesehen, dass Skizzieren zwar einfach, aber nicht trivial ist. Im Folgenden zeigen wir Ihnen einige Richtlinien auf, um die Effektivität Ihrer Skizzen zu erhöhen.

Nachstehend finden Sie fünf einfache Regeln, die es zu beachten gilt. Zusätzlich beschreiben wir drei typische Herausforderungen beim Skizzieren im Geschäftsalltag und wir zeigen Ihnen, wie Sie diese meistern können (z.B. durch Berücksichtigung des visuellen ABCs).

Beim Visualisieren von Konzepten oder Fakten sollten Sie vor allem darauf achten, dass Sie KLARE Skizzen erstellen, d.h. dass Sie

K ompakte
(fokussierte, nicht mit Details überladene)

L ogisch strukturierte
(einen nachvollziehbaren Aufbau besitzende)

A ussagekräftige
(eine eindeutige Hauptaussage zeigende)

R evidierbare
(leicht zu ergänzende) sowie

E xplizite
(ein klares Ziel und eine gut erklärte Funktion aufweisende)

Bilder zeichnen.

Die Vorlagen in diesem Buch unterstützen Sie dabei, indem Sie beispielsweise dazu gezwungen werden, Ihre Skizzen logisch aufzubauen und sich auf Kernelemente zu fokussieren. Trotzdem ist es wichtig, bei der Ad-hoc-Visualisierung diese Kriterien nicht zu vergessen. Befolgen Sie also wenn immer möglich die folgenden Richtlinien:

1. Bleiben Sie kompakt.

Visualisieren Sie nur die wichtigsten Informationen und kommentieren Sie den Rest mündlich.

2. Bauen Sie Ihre Skizze logisch auf.

Benutzen Sie einfache, bereits bekannte Strukturen wie die Pyramide, den Eisberg oder die Matrix und zeichnen Sie wenn möglich zuerst den Überblick und dann die Details.

3. Achten Sie auf klare Aussagen und eindeutige Symbole.

Ein Pfeil kann viele Dinge bedeuten. Kommentieren Sie deshalb Ihre Zeichnung und geben Sie Hinweise darauf, wie Sie zu interpretieren ist. Visuelle Mehrdeutigkeit ist nur in Kreativitätsworkshops nützlich.

4. Machen Sie Ihre Skizze revidierbar.

Achten Sie darauf, Ihre Skizzen nicht zu fertig aussehen zu lassen, und laden Sie Ihre Kollegen aktiv dazu ein, Ergänzungen oder Korrekturen anzubringen.

5. Geben Sie Ihrer Skizze einen expliziten Kontext.

Sagen Sie z.B. bei einer Flipchartzeichnung sofort, warum Sie etwas aufzeichnen und was Sie damit zeigen möchten.

Diese Art von Visualisierung ist einfach zu bewerkstelligen und bedarf keiner großen Infrastruktur. Alles, was Sie brauchen, um visuell zu denken oder jemandem etwas aufzuzeichnen, sind ein Stift und ein Blatt Papier. Für Gruppenkontexte sind Flipcharts, Whiteboards, oder Packpapierwände ideal. Immer mehr Spezialisten und Manager verwenden auch ein Tablet und einen Beamer, um Ihre Skizzen vor anderen zu entwickeln (z.B. mittels iPad oder Tablet-Laptop). Das ist besonders zu empfehlen, wenn Sie vor mehr als 20 Personen eine Visualisierung entwickeln möchten.

Um Ihre Skizzen für später zu dokumentieren, reicht es oft, eine Digitalkamera oder ein Smartphone dabei zu haben und das Flipchart zu fotografieren. Nachbearbeitungswerkzeuge und Apps wie CamScanner erleichtern diese digitale Dokumentation von Zeichnungen zusätzlich. Eine derartig digitalisierte Skizze kann dann weiter elektronisch ergänzt und mit Verweisen versehen werden, ohne jedoch die persönliche Note einer Handzeichnung zu verlieren (z.B. mit Software wie www.lets-focus.com).

Doch auch die besten Werkzeuge können alleine noch keine gelungene visuelle Präsentation oder Sitzung garantieren. Gerade in Präsentations- oder Workshopsituationen gilt es einige typische Fehler zu vermeiden, welche die Lebendigkeit und die Wirksamkeit von Skizzen erheblich reduzieren können. Die folgenden drei Fallstricke mögen prima vista nützlich erscheinen, sie sind jedoch oft kontraproduktiv und reduzieren das Potenzial von Skizzen für die Zusammenarbeit und Kommunikation. Wir beschreiben sie nachfolgend mit jeweils einer Abhilfe.

Wenn Sie diesen drei Tendenzen widerstehen und die fünf einfachen Richtlinien dieses Kapitels befolgen, dann werden Ihre Skizzen zu einer unkomplizierten und ergiebigen Kommunikationsweise für viele Geschäftssituationen. Sie werden sich dadurch positiv von vielen anderen im Geschäftsalltag unterscheiden, die nach wie vor nur präsentieren, anstatt zu involvieren.

Fallstrick 1: Schöne statt klare Skizzen

Beschreibung

Zu sehr auf die Ästhetik einer Visualisierung zu achten, kann zu verschiedenen Nachteilen führen. Es macht das Skizzieren nicht nur langsamer und aufwändiger, es führt auch dazu, dass sich andere weniger in Ihre Bilder einbringen – aus Angst, das „schöne Bild" kaputt zu machen. Skizzen sollten jedoch zum Mitmachen und Ergänzen einladen und Gespräche auf diese Weise beleben. Wird das Bild zu raffiniert, so entsteht ein Museums-Effekt, bei dem Ihre Kollegen zwar andächtig auf Ihre Skizze schauen, sie jedoch nicht mehr als Arbeitsinstrument nutzen können.

Abhilfe

Bleiben Sie bei einem nüchternen, klaren Zeichnungsstil und vermeiden Sie dekorative Elemente (wie Schatten, 3D-Effekte oder viele Farben), die vom Inhalt ablenken.

Fallstrick 2: Detail und Genauigkeit anstatt Klarheit und Geschwindigkeit

Beschreibung

Wenn Sie sich in einem Thema gut auskennen, dann möchten Sie dies auch zeigen, das ist nur menschlich. Doch leider ist dies manchmal kontraproduktiv: Wenn Sie Ihre Skizze zu detailliert ausarbeiten und mit zu vielen Informationen bestücken, hängen Sie Ihr Publikum ab. Erstens, weil es zu lange geht, die Skizze zu entwickeln. Zweitens, weil es das Publikum überlastet. Drittens, weil Sie dadurch nicht mehr in der Lage sind, die Teilnehmer zügig zu involvieren.

Abhilfe

Der Hauptvorteil von Skizzen ist deren Abstraktionsvermögen und Überblick. Damit dies funktioniert, müssen Sie der Versuchung widerstehen, immer mehr Details in Ihre Skizze zu packen. Reduzieren Sie Ihre Skizzen also aufs Essentielle und ergänzen Sie Details nur mündlich oder zu einem späteren Zeitpunkt (z.B. während der Diskussion in der Gruppe).

Fallstrick 3: Skizzenorientierung anstatt Gesprächsorientierung

Beschreibung

Wenn Sie eine gelungene Skizze gezeichnet haben, liegt es nahe, sich darauf zu fokussieren und Sie ausgiebig zu kommentieren. Das Problem damit ist, dass Sie dadurch das Gespräch, welches die Skizze eigentlich unterstützen sollte, vernachlässigen. Ein zu starker Fokus auf das Bild kann auch dazu führen, dass man zu lange damit arbeitet, anstatt ein neues Diagramm zu zeichnen, das eigentlich besser zum Gesprächsverlauf passt.

Abhilfe

Eine Skizze (im Geschäftskontext) hat nie einen Selbstzweck. Sie sollte Problemlösung, Ideenentwicklung oder Gedankenaustausch ermöglichen. Sehen Sie deshalb eine Skizze immer nur als situatives Werkzeug und nicht als definitive Lösung. „Verlieben" Sie sich also nicht in Ihre Skizzen (auch wenn Sie noch so gelungen sind), sondern behandeln Sie sie mit kritischer Distanz. Richten Sie Ihre Aufmerksamkeit immer auf das Gespräch und das aktuelle Problem und nicht auf die formalen oder gestalterischen Aspekte Ihrer Skizze.

Damit Sie sich voll und ganz auf das Gespräch konzentrieren können, sollten Sie das visuelle ABC kennen.

Die folgenden sechs Dimensionen sind als eine Art ABC des Skizzierens zu verstehen und können verwendet werden, um wichtige Punkte hervorzuheben, verschiedenartige Elemente zu unterscheiden oder Zeitverläufe darzustellen. Achten Sie beim Erstellen konzeptueller Skizzen darauf, dass Sie diese sogenannten „retinalen Variablen" oder grafischen Dimensionen effektiv einsetzen.

GRÖßE

Zeichnen Sie wichtige Elemente in Ihren Skizzen größer als den Rest oder nutzen Sie unterschiedliche Größen, um Unterschiede in Bezug auf Umfang, Wichtigkeit, Qualität oder Verkaufsvolumen darzustellen.

Position

Platzieren Sie die Elemente Ihrer Skizze nicht beliebig auf Ihrer Zeichnungsfläche, sondern nutzen Sie deren Position bewusst, um Vergleiche zu machen oder Unterschiede darzustellen. In der Regel werden Elemente, die sich in der Mitte befinden, als wichtiger wahrgenommen als peripher platzierte. Elemente, die nah beieinander positioniert sind, werden als zusammengehörig angesehen. Zeitliche Abläufe verlaufen in unseren Breitengraden in der Regel von links nach rechts, so dass Ereignisse welche links positioniert sind, vor denjenigen Ereignissen ablaufen (oder abgelaufen sind), die auf der rechten Seite stehen.

Form

Kantige Formen und ausgeprägte Konturen erzeugen Aufmerksamkeit und signalisieren Risiken oder neue Elemente, während runde Formen Elemente signalisieren, welche keine Aufmerksamkeit erregen wollen und reibungslos funktionieren. Wenn Sie in Ihrer Skizze gleiche Formen oder Symbole für verschiedenartige Elemente auswählen, werden diese automatisch als zusammengehörig wahrgenommen.

Farbe

Benutzen Sie gezielt Farbe, um Gruppen zu unterscheiden oder Schlüsselelemente Ihrer Skizze hervorzuheben. Während die rote Farbe in erster Linie Risiken, Nachteile oder Gefahr bedeutet, wird die grüne Farbe eingesetzt, um Chancen oder Vorteile darzustellen.

Orientierung

Ein nach oben ausgerichteter Text oder Symbole deuten an, dass sich Dinge verbessern oder positiv entwickeln, während nach unten gerichtete Elemente implizieren, dass etwas schlechter wird.

... Animation

Es ist entscheidend, wie Sie Ihre Skizze vor Ihrem Publikum entwickeln oder animieren. Beginnen Sie in der Regel damit, dass Sie erst die gesamte Struktur darstellen und anschließend Details hinzufügen. Betonen Sie zum Schluss die Schlüsselelemente sowohl verbal, als auch visuell in Ihrer Skizze. Dies können Sie mittels einer anderen Stiftfarbe machen, oder indem Sie diese Elemente umkreisen und dadurch hervorheben.

Wenn Sie diese sechs Dimensionen so nutzen, die KLARE Formel berücksichtigen und auch die drei Fallstricke vermeiden, werden Ihre Skizzen in vielerlei Situationen verstanden und behalten.

4. ÜBERSICHT SKIZZENFORMEN UND IHRE VERWENDUNG

Bevor wir uns in diesem Kapitel die einzelnen Visualisierungsmethoden und deren Einsatz genauer anschauen, lohnt es sich, ein wenig Hintergrund zum Thema zu kennen und drei grundlegende Formen von Skizzen für Problemlösung und Kommunikation zu unterscheiden.

Grafische Darstellungen in Form von Handzeichnungen wurden bereits in vielen wissenschaftlichen Disziplinen untersucht, so etwa in der Psychologie, den Ingenieurwissenschaften, der Designforschung, der Kunstgeschichte, der Pädagogik wie auch in der Informatik (einige dieser Studien haben wir im Literaturverzeichnis aufgeführt). In der Managementlehre fristete das Skizzen-Thema bisher ein Mauerblümchendasein. Mehrere US-amerikanische Bestseller haben diese Visualisierungsform jedoch in der jüngsten Vergangenheit auch in das Bewusstsein der Managementriege gebracht.

In diesen praktischen und wissenschaftlichen Studien werden verschiedene Formen von Handzeichnungen unterschieden. In seiner psychologischen Untersuchung unterscheidet Mayer beispielsweise drei Typen von Handzeichnungen: **1) logische, 2) metaphorische** und **3) konfigurative Skizzen mit Menschen**, die er Aufstellungsbilder nennt (vgl. Abbildung 6).

Beispiele für logische Skizzen sind Matrizen, Venn-Diagramme oder einfache Prozessbilder. Typische Metaphernskizzen sind ein Eisberg, eine Brücke, ein Trichter oder ein Tempel. Konfigurative Skizzen schließlich zeigen Menschen (als Strichmännchen) und deren Situation oder Beziehung mit anderen. Auch der Visual-Thinking-Experte Dave Gray unterscheidet diese drei Arten von Skizzen, nennt sie jedoch analytische, emotionale, und handlungsorientierte Skizzen. Ihm zufolge sind alle drei Skizzen in Kombination notwendig, um Menschen in Organisationen zu bewegen und Probleme gemeinschaftlich zu lösen. In Anlehnung an den Schweizer Pädagogen und Philosophen Heinrich Pestalozzi könnte man dies wie folgt formulieren: Eine Führungskraft benötigt einen kühlen Kopf, ein warmes Herz und eine feste Hand und sie kann den ersten Punkt mit analytischen Diagrammen unterstützen (Kopf), den zweiten mittels visuellen Metaphern zeigen (Herz) und den dritten durch handlungsorientierte Skizzen forcieren (Hand).

Für den Arbeitskontext sind vor allem die logisch-analytischen Skizzenformen nützlich. Sie sind bei vielen Mitarbeitern bereits bekannt und generell akzeptiert.

Ihnen fehlt jedoch oft die Ausdrucksstärke und Prägnanz von visuellen Metaphern, die sich deshalb gut für die Kommunikation eignen. Wenn immer es um Beziehungen oder Konflikte zwischen Menschen geht, sind konfigurative Skizzen hilfreich. Sie zeigen Beziehungskonstellationen im Überblick auf.

Abbildung 6: *Konzeptionelle, metaphorische und konfigurative Skizzen.*

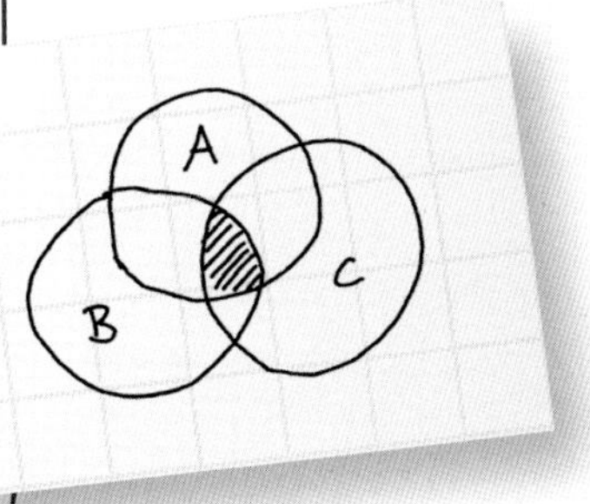

In unserem Buch finden Sie eine große Anzahl von konzeptionell-logischen Visualisierungsmethoden. Wir haben auf den folgenden Seiten jedoch auch einige eingängige visuelle Metaphern beschrieben. Eine typische konfigurative Skizze finden Sie in der Methode des Sozialen Netzwerks.

Neben dieser nützlichen Dreiteilung in logische, metaphorische und konfigurative Skizzen gibt es weitere Unterscheidungsmöglichkeiten, die einem helfen können, rasch die richtige Visualisierungsmethode für ein anstehendes Problem zu finden.

Die wahrscheinlich bekannteste Typologie von Skizzen stammt von Ferguson. Er unterscheidet drei Formen von arbeitsbezogenen Skizzen aufgrund ihrer jeweiligen Verwendungsweise:

1. Die **Denkskizze**: Sie dient dazu, das eigene persönliche Denken zu steuern und zu fokussieren. Ein Beispiel hierfür ist eine Mind Map, mit der Sie Ihre Gedanken ordnen.
2. Die **Vorlagenskizze**: Sie soll ein Ideal- oder Sollbild darstellen, das anderen als Anleitung dienen kann. Ein Beispiel hierfür ist eine Prozessskizze, welche ein gemeinsames Vorgehen definiert.
3. Die **Sprechskizze**: Sie dient dazu, ein Gespräch zu unterstützen und ein gemeinsames Verständnis abzubilden. Beispielsweise kann man mit einem Entscheidungsbaum die jeweils besprochenen Optionen abbilden oder gemeinsam erweitern.

Die 35 visuellen Methoden in diesem Buch können oft sowohl als Denk- wie auch als Vorlagen- oder Sprechskizzen verwendet werden. Die Unterscheidung von Skizzen für das eigene Denken bzw. für die Kommunikation mit anderen findet man auch beim Ansatz von Verstijnen et al. Er und seine Kollegen unterscheiden Ideenskizzen und Präsentationsskizzen. Ideenskizzen dienen dazu neue Ideen zu entwickeln. Präsentationsskizzen unterstützen Sie bei der Vorstellung von bestehenden Ideen an Kollegen. Eine typische Denkskizze finden Sie in diesem Buch in der Methode des Netzwerkdiagramms. Es eignet sich nur bedingt für die Kommunikation, da es schnell sehr komplex und unübersichtlich werden kann. Auch die in Kapitel 6 behandelten Methoden sind eher Denkskizzen als Präsentationsformate. Eine typische Präsentationsskizze können Sie mit der Trichtermetapher erstellen. Sie hat eine übersichtliche und klare Struktur und kann rasch gezeichnet und kommentiert werden.

Tabelle 1: *Eine alphabetische Übersicht über alle Skizziervorlagen und deren Erst- (●) und Zweitverwendung (○).*

Vorlage / Anwendung	PLANUNG	SITZUNG	VERKAUF	ANALYSE	KOMMUNIKATION
Anspruchsgruppenkarte	●				
Anspruchsgruppenraster	●				
Argumentationsskizze		○	○	●	
Bergweg	●				○
Beziehungsskizze				●	
Brücke	○	○			●
Empathiekarte			○		●
Entscheidungsbaum	●			○	
Entscheidungspyramide	○	●		○	
Erfolgspfade	●				
Fischgrätegrafik	○			●	
Flussdiagramm	●			○	
Konzeptkarte					●
Mind Map		●		○	
Netzwerkskizze	○			●	
Problemeisberg				●	
Prozessskizze	●			○	
Risikolunte				●	
Risikomatrix				●	
Sequenzskizze	○			●	
Sitzungsagenda		●			
Skizzenzeichen					●
Soziales Netzwerk			○	●	
Spektrum				●	
Strategy Canvas				●	
Sweet Spot				●	
SWOT				●	
Synergieskizze	●			○	
Szenariogramm	●				
Traktandenuhr		●			
Trichter					●
Verhandlungsskizze			●		
Verkaufswaage			●		
Zeitleiste	●			○	
Zielhierarchie	●				

Eine spezifischere Art und Weise die Skizzenvorlagen dieses Buches zu strukturieren, besteht aus einer Segmentierung nach konkreten Anwendungskontexten im Management. Hier unterscheiden wir zwischen Planung, Sitzungsführung, Verkauf, Analyse und Kommunikation.

Wie Sie der Tabelle 1 entnehmen können, sind viele der Visualisierungswerkzeuge dieses Buches für die Analyse und die Planung geeignet. Visualisierung mittels Skizzen hilft also vor allem dabei, komplexe Probleme besser zu verstehen oder ein Vorhaben schrittweise zu entwickeln. Einige Skizzenvorlagen sind jedoch auch für Kontexte wie etwa den Verkauf oder die Sitzungsführung geeignet. Zudem sind einige Skizzenformen speziell für die Kommunikation bzw. für Präsentationen (z.B. auf Flipcharts) geeignet.

Abbildung 7: Die Skizziervorlagen in diesem Buch segmentiert nach deren Einfachheit in der Anwendung und Bekanntheit.

Eine letzte nützliche Segmentierung der Methoden kann aufgrund ihres momentanen Bekanntheitsgrades und ihrer Einfachheit vorgenommen werden. Sie finden diese Segmentierung in Abbildung 7. Diese Darstellung zeigt die „üblichen Verdächtigen" in der oberen rechten Ecke: Der Problemeisberg, das Trichterdiagramm, die Mind Map und die SWOT-Matrix sind die wohl einfachsten und bekanntesten Visualisierungsmotive in der heutigen Praxis. Diese Methoden können ohne großen Aufwand rasch eingesetzt werden. Weitere beliebte visuelle Methoden sind die Risikomatrix, die Fischgrätegrafik, die Zeitleiste, der Entscheidungsbaum und das (bereits recht komplexe) Flussdiagramm. Diese bekannten Methoden sind jedoch keine „eierlegenden Wollmilchsäue". Sie sind alle relativ fokussiert und können oft nur für wenige Problemstellungen sinnvoll eingesetzt werden. Deshalb ist es wichtig – wie in Ashbys Eingangszitat gefordert –, das eigene Methodenrepertoire stetig auszubauen und auch weniger bekannten Methoden eine Chance zu geben.

Beginnen Sie dazu mit einfachen Methoden, die Sie oft einsetzen können. Beispiele hierfür sind die Sitzungsagenda oder die Traktandenuhr, aber auch der Bergweg oder die Zielhierarchie. Haben Sie diese Methoden im Griff, so können Sie auch schwierigere Methoden wie die Argumentationskarte oder die Synergieskizze anwenden. Zudem empfiehlt es sich, diese komplizierteren Methoden jeweils zuerst für sich selbst anzuwenden, bevor man sie dann im Gruppenkontext ausprobiert.

Am wichtigsten erscheint uns jedoch, dass Sie Methoden finden, die Ihnen liegen und die für Sie einen unmittelbaren Mehrwert liefern. Wir laden Sie daher ein, Ihr eigenes „Best of"-Set aus den 35 Werkzeugen zusammenzustellen und diese als Standardwerkzeuge in Ihren Methodenrucksack aufzunehmen.

Darüber hinaus möchten wir Sie dazu ermutigen, Ihre eigenen visuellen Werkzeuge zu erfinden. Wie Sie dies tun können, beschreiben wir anhand eines Beispiels in Kapitel 8. Zunächst präsentieren wir Ihnen jedoch die 35 Werkzeuge und laden Sie ein, diese gleich selbst auszuprobieren.

5.

WERKZEUGKASTEN
NÜTZLICHE SKIZZIERVORLAGEN

Auf den folgenden Seiten finden Sie eine große Auswahl an Skizziervorlagen, die Sie tagtäglich einsetzen können. Jede Skizziervorlagenseite besteht zur einfachen Orientierung und Anleitung aus sechs verschiedenen Abschnitten.

1. Wann
Der erste Abschnitt beschreibt die Managementsituation oder den Kontext, in welcher die Skizze wirkungsvoll eingesetzt werden kann.

2. Warum
Dieser Abschnitt hebt die Hauptvorteile der Skizze hervor oder zeigt auf, welchen Mehrwert Sie zu einer Diskussion beitragen kann.

3. Wie
In diesem Hauptteil geben wir erst eine Skizzieranleitung in einem Satz und anschließend führen wir Sie Schritt für Schritt durch den Entwicklungs- und Verfeinerungsprozess der Skizze.

5. Was
In diesem Abschnitt wird der Inhalt und das grafische Format der Vorlage zusammengefasst.

4. Wer
Hier identifizieren wir die Berufsgruppen, welche am stärksten von den Skizziervorlagen profitieren werden. Sie reichen von Managern, Teamleitern, Vertriebsspezialisten, Moderatoren bis zu Trainern, Beratern und Coaches.

6. Was noch
Dieser Abschnitt enthält Hinweise zu anderen, verwandten Vorlagen im Buch oder zu Beispielen.

Im Anschluss an jede Beschreibung der Skizziervorlage finden Sie eine leere Seite. Dies ist Ihr Übungsplatz für einen eigenen Entwurf mit jeder Vorlage. Versuchen Sie die Skizze auf der linken Seite selbst zu zeichnen, indem Sie die Vorlage mit Ihren eigenen Inhalten füllen. Diese leeren Seiten haben verschiedene (hoffentlich anregende) Hintergründe und reichen von einer Serviette und einem Flipchart bis zum Tablet. Schmöckern Sie in den Vorlagen und trauen Sie sich, diese neu zu zeichnen.

ANSPRUCHSGRUPPENKARTE

Planung

WANN   Wenn Sie die Ziele (in Bezug auf ein Vorhaben) der internen und externen Betroffenen berücksichtigen wollen.

WARUM   Um die wichtigsten Anspruchsgruppen für ein Vorhaben zu identifizieren und Zielkonflikte zwischen diesen früh zu erkennen.

WIE   Erfassen Sie in einer Mind Map sämtliche internen und externen Personen und Gruppen, die ein Interesse an Ihrem Projekt oder Produkt haben. Tragen Sie deren Ziele diesbezüglich ein.

1. Schreiben Sie das Vorhaben, für das Sie Anspruchsgruppen identifizieren möchten, in einen Kreis.
2. Zeichnen Sie ca. zehn Äste vom Kreis weg, auf denen Sie wichtige Personen oder Gruppen mit Interesse an diesem Vorhaben eintragen. Externe positionieren Sie in der unteren Hälfte, firmeninterne im oberen Bereich.
3. Tragen Sie für jede Anspruchsgruppe deren Ziele in Bezug auf das Vorhaben als Unteräste ein.
4. Identifizieren Sie nun mögliche Zielkonflikte und zeichnen Sie diese als Doppelpfeile ein.

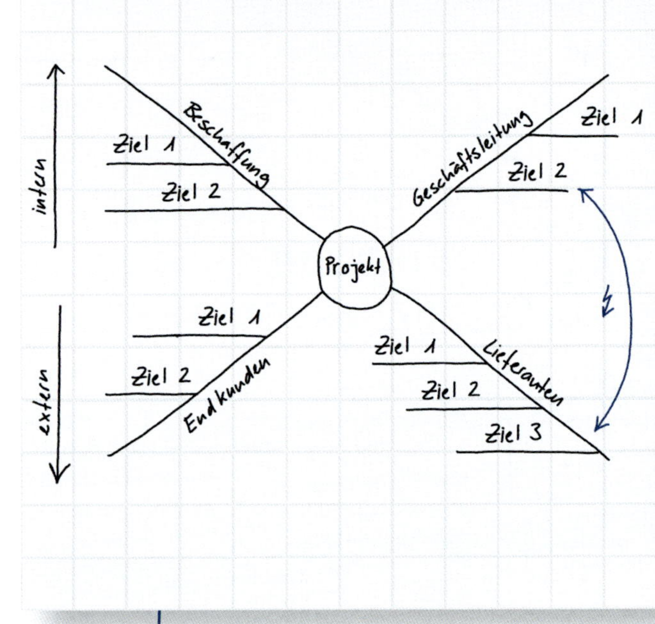

WAS   Die wichtigsten Anspruchsgruppen eines Vorhabens werden in einer Mind Map visualisiert.

WER   Berater, Projektleiter, Investoren, Verkäufer, Verhandlungsführer

WAS NOCH   Anspruchsgruppenraster (S. 30), Mind Map (S. 54), Soziales Netzwerk (S. 72) Fallstudienkapitel S. 8

ANSPRUCHSGRUPPENKARTE

ANSPRUCHSGRUPPENRASTER

Planung

WANN

Wenn Sie die verschiedenen Anspruchsgruppen für eine Strategie, ein Projekt, ein Thema oder für Ihre Karriere priorisieren möchten.

WARUM

Um die Menschen und Institutionen, die einen Einfluss auf Sie und Ihr Vorhaben ausüben, besser zu überblicken und deren Beziehungen zu verstehen.

WIE

Zeichnen Sie die zwei Achsen „ihr Einfluss auf uns" und „unser Einfluss auf sie" und positionieren Sie darin alle Personen oder Gremien, die für Ihr Vorhaben relevant sind.

1. Zeichnen Sie ein strukturiertes Koordinatensystem mit den vier Zonen A (prioritäre Anspruchsgruppen), B1 (wichtig, aber schwer zu beeinflussen), B2 (beeinflussbar, aber wenig einflussreich), und C (vernachlässigbar).
2. Positionieren Sie alle Personen, die ein Interesse an Ihrer Aktivität haben, nach den Dimensionen Einfluss und Beeinflussbarkeit.
3. Identifizieren Sie mittels Pfeilen die Beziehungen zwischen diesen Anspruchsgruppen (Freundschaften, Rivalitäten, Hierarchien). Z.B. können Sie durch B2-Personen jemanden in B1 beeinflussen?

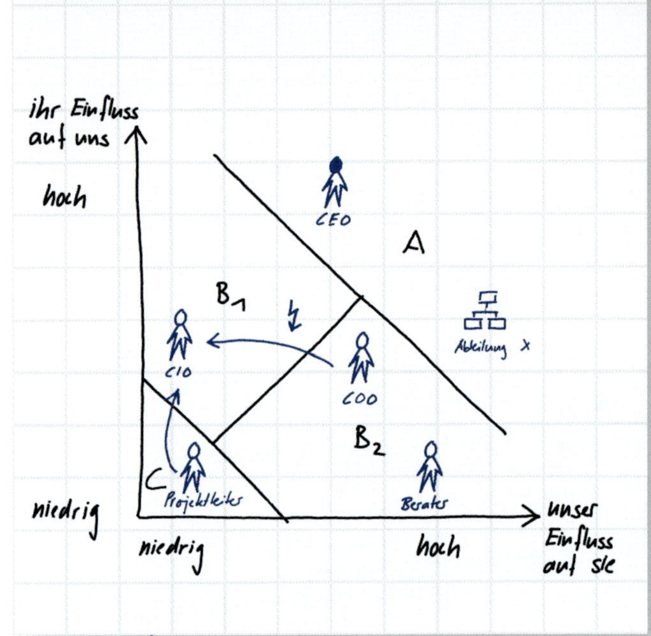

WAS

Ein Raster für die Priorisierung von Betroffenen nach deren Einfluss auf uns und unserer Möglichkeit, diese zu beeinflussen.

WER

Projektleiter, Manager, Unternehmer, Investoren, Verkäufer

WAS NOCH

Anspruchsgruppenkarte (S. 28),
Soziales Netzwerk (S. 72)
Beispiel S. 115

ANSPRUCHSGRUPPENRASTER

ARGUMENTATIONSSKIZZE

Analyse, Sitzung, Verkauf

WANN	Es besteht der Bedarf, Lösungen für ein Problem oder eine Frage zu bewerten.
WARUM	Um sich einen Überblick über die Vor- und Nachteile von Lösungsmöglichkeiten zu verschaffen.
WIE	Benennen Sie das Problem. Listen Sie anschließend alle möglichen Lösungen auf, bestimmen Sie deren Vor- und Nachteile und liefern Sie Fakten, um die Argumentation zu unterstützen.

1. Platzieren Sie am linken Rand das Problem oder die Frage in einem Kasten.
2. Machen Sie sich Gedanken zu allen möglichen Lösungen und verbinden Sie diese jeweils mit einem Pfeil an den Kasten. Je dicker der Pfeil, desto größer die Wirkung.
3. Verbinden Sie dafür und dagegen sprechende Argumente mit jeder Lösung.
4. Fügen Sie mit weiteren Pfeilen, sofern dies sinnvoll erscheint, den Argumenten Fakten hinzu.

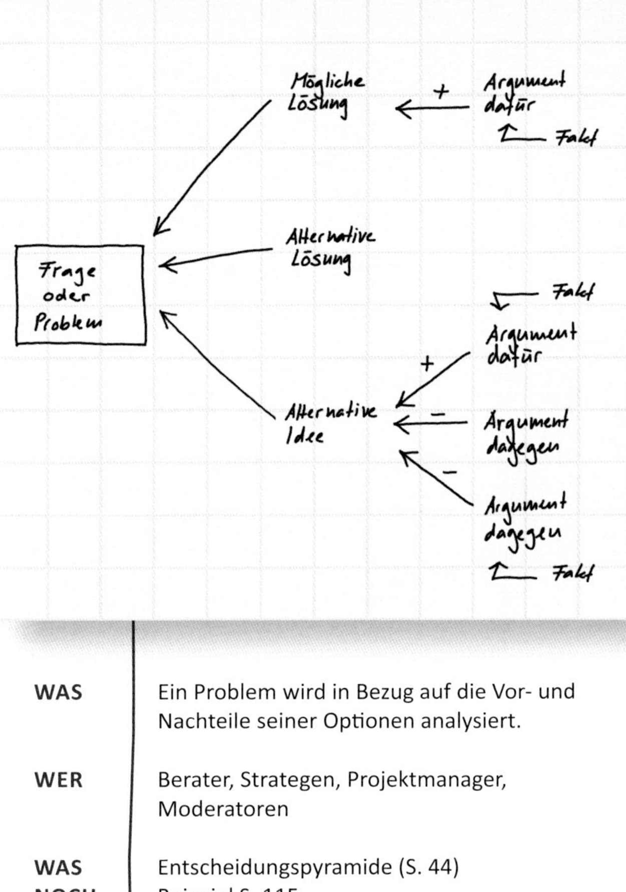

WAS	Ein Problem wird in Bezug auf die Vor- und Nachteile seiner Optionen analysiert.
WER	Berater, Strategen, Projektmanager, Moderatoren
WAS NOCH	Entscheidungspyramide (S. 44) Beispiel S. 115

BERGWEG

Planung, Kommunikation

WANN
Wenn Sie die geplanten Schritte und möglichen Hindernisse für die Erreichung eines gemeinsamen Zieles darstellen möchten.

WARUM
Um den Beteiligten auf einfache und motivierende Weise die Schritte hin zu einem ambitionierten Ziel aufzuzeigen und dabei Umsetzungsbarrieren nicht zu vergessen.

WIE
Zeichnen Sie einen Berggipfel. Schreiben Sie das Ziel über dem Berg und zeichnen Sie einen Pfad nach oben, auf welchem Sie die Meilensteine und Barrieren für die Zielerreichung verorten.

1. Zeichnen Sie einen Berg, indem Sie drei nach oben konvergierende Linien ziehen.
2. Schreiben Sie das zu erreichende Ziel neben eine Fahne auf der Bergspitze.
3. Zeichnen Sie einen Pfad vom Fuß des Berges zu seiner Spitze und beschriften Sie diesen mit wichtigen Etappen zum Ziel sowie mit möglichen Barrieren.
4. Zeichnen Sie, falls nötig, eine alternative oder zusätzliche Route zum Gipfel auf der zweiten Seite des Berges.

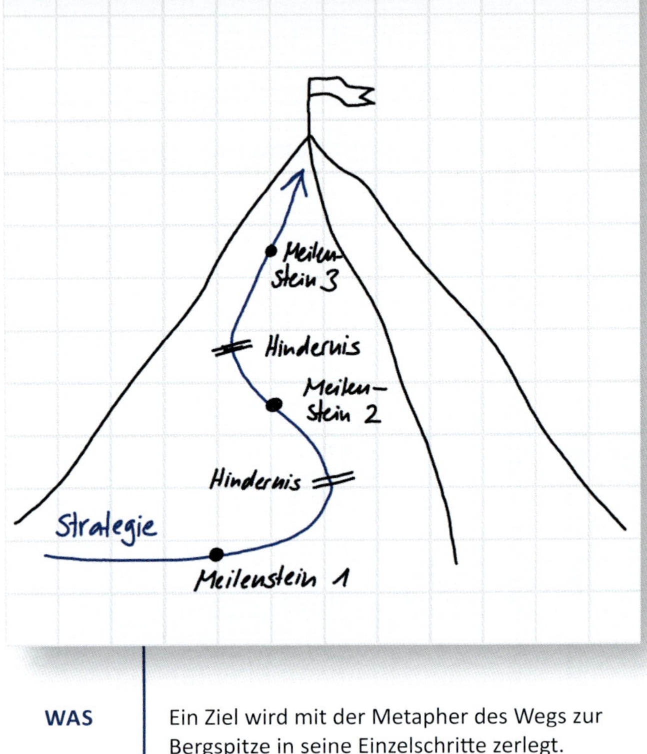

WAS
Ein Ziel wird mit der Metapher des Wegs zur Bergspitze in seine Einzelschritte zerlegt.

WER
Berater, Strategen, Projektleiter, Manager, Moderatoren, Trainer

WAS NOCH
Brücke (S. 38)

BEZIEHUNGSSKIZZE

Analyse

WANN — Wenn Sie die unterschiedlichen Beziehungen, Verpflichtungen und Geld- bzw. Leistungsströme zwischen zentralen Akteuren bzw. Marktteilnehmern abbilden möchten.

WARUM — Um die gegenseitigen Rechte und Pflichten zwischen Kooperationspartnern zu analysieren oder zu vereinbaren.

WIE — Verknüpfen Sie die wichtigsten Akteure in einer Geschäftsbeziehung mittels Pfeilen. Beschriften Sie diese Pfeile mit den entsprechenden Leistungen oder Ansprüchen der Akteure.

1. Platzieren Sie die wichtigsten Teilnehmer an einem gemeinsamen Vorhaben (A,B,C).
2. Zeichnen Sie durch verschiedene Pfeile die gegenseitigen Rechte und Pflichten unter diesen Akteuren ein. Die Pfeildicke bezeichnet dabei die Beziehungsintensität oder die Menge an ausgetauschten Leistungen.
3. Ergänzen Sie nun, falls nötig, weitere Teilnehmer (D,E) an dieser Transaktion.

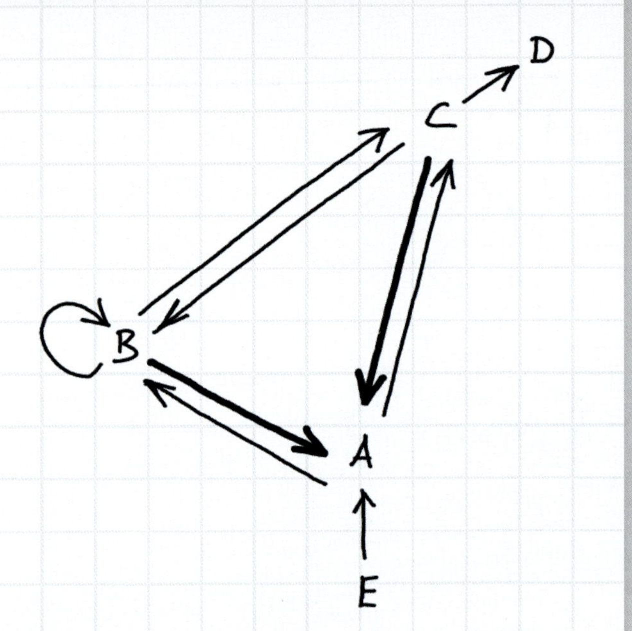

WAS — Der Fluss an Informationen, Leistungen und Geldern zwischen verschiedenen Beteiligten wird in der Beziehungsskizze veranschaulicht.

WER — Verkaufsberater, Juristen, Einkaufsmanager, Finanzanalysten, Verhandlungsleiter

WAS NOCH — Netzwerkskizze (S. 56), Soziales Netzwerk (S. 72) Beispiel S. 116

BEZIEHUNGSSKIZZE

BRÜCKE

Kommunikation, Sitzung, Planung

WANN   Wenn Sie aufzeigen möchten, wie man den Graben zwischen einer Situation heute und der Lösung der Zukunft überwinden kann.

WARUM   Um den Weg aufzuzeigen, wie ein Problem gelöst oder ein Ziel erreicht werden kann.

WIE   Zeichnen Sie eine einfache Bogenbrücke. Auf der linken Seite beschreiben Sie den Status quo und auf der rechten das Ziel. Die nötigen Schritte dazwischen notieren Sie auf der Brücke.

1. Zeichnen Sie eine einfache Brücke mit Treppen und Geländer.
2. Beschreiben Sie den Ist-Zustand auf der linken Seite, den Soll-Zustand auf der rechten.
3. Beschreiben Sie die größten Lücken bzw. Herausforderungen im Brückenbogen.
4. Zeichnen Sie die einzelnen Schritte zur Lösung auf der Brücke auf.
5. Auf dem Brückengeländer können Sie nützliche Regeln oder Umsetzungsprinzipien fest halten.
6. Auf der linken Treppe beschreiben Sie Startaktivitäten, auf den rechten Abschlussaktivitäten.

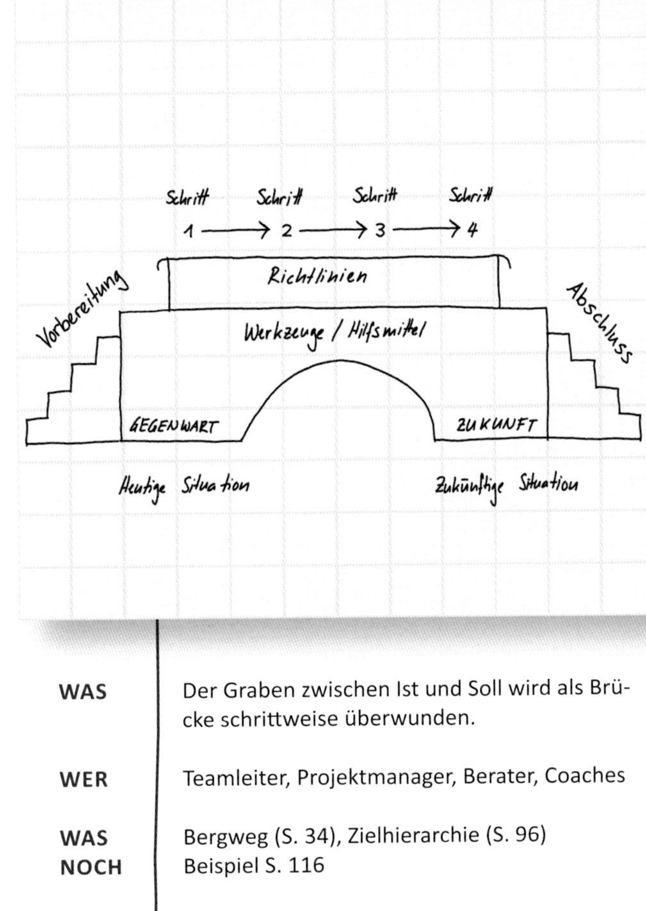

WAS   Der Graben zwischen Ist und Soll wird als Brücke schrittweise überwunden.

WER   Teamleiter, Projektmanager, Berater, Coaches

WAS NOCH   Bergweg (S. 34), Zielhierarchie (S. 96) Beispiel S. 116

EMPATHIEKARTE

Kommunikation, Verkauf

WANN | Wenn es wichtig ist, sich in die Position eines Entscheiders oder einer Zielgruppe zu versetzen.

WARUM | Um ein Thema aus der Perspektive einer anderen Person zu betrachten und so überzeugender kommunizieren zu können.

WIE | Zeichnen Sie ein Gesicht mit fünf Sektoren. In diesen erfassen Sie, was ein wichtiger Entscheider zu Ihrem Thema gesehen, gesagt und gehört hat und was er daher denkt bzw. fühlt.

1. Zeichnen Sie einen Kreis und fügen Sie Nase, Auge, Ohr und Mund hinzu. Zeichnen Sie Trennstriche oberhalb des Auges, ober- und unterhalb des Mundes und ober- und unterhalb des Ohrs. Beschriften Sie diese Zonen mit „Sehen", „Sagen", „Fühlen", „Hören" und „Denken". Schreiben Sie das Thema und den Namen der Person in die Mitte des Gesichtes.
2. Versetzen Sie sich in die Lage der Person und füllen Sie die fünf Sektoren entsprechend mit Stichworten.
3. Leiten Sie daraus Konsequenzen für das nächste Treffen mit dieser Person ab.

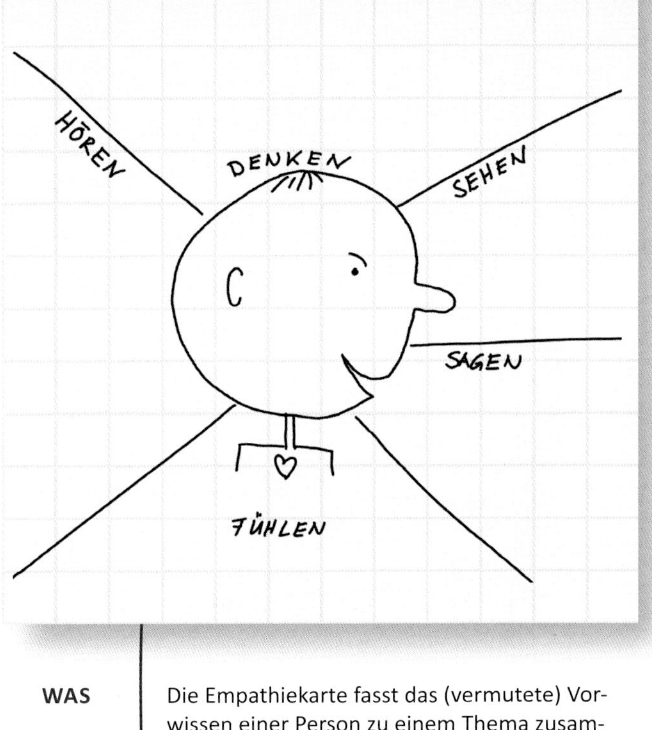

WAS | Die Empathiekarte fasst das (vermutete) Vorwissen einer Person zu einem Thema zusammen (Quelle: Dave Gray, Xplane).

WER | Berater, Verhandlungsführer, Verkaufsmitarbeiter, Kommunikatoren, Manager

WAS NOCH | Fallstudienkapitel S. 9
Übungskapitel S. 137

ENTSCHEIDUNGSBAUM

Planung, Analyse

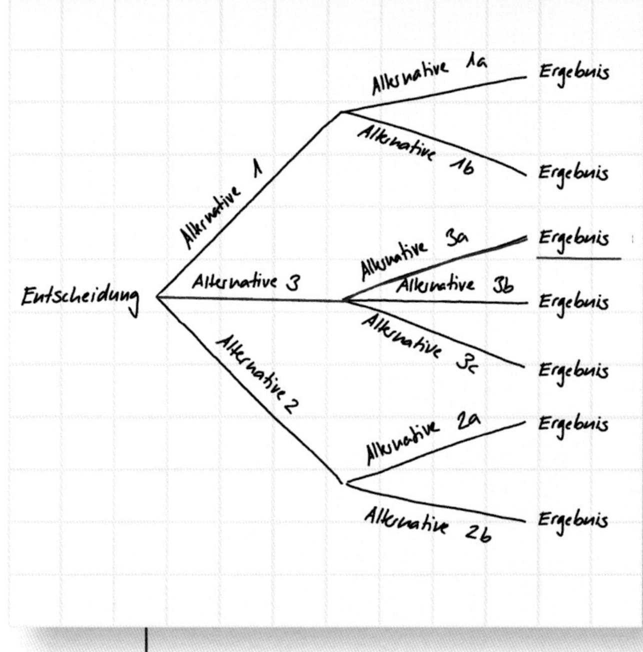

WANN | Wenn Sie verschiedene Entscheidungsoptionen und deren Konsequenzen systematisch vergleichen möchten.

WARUM | Um das ganze Spektrum von Handlungs- oder Entscheidungsalternativen transparent zu machen und so besser entscheiden zu können.

WIE | Zeichnen Sie sämtliche möglichen Entscheidungsalternativen und die daraus resultierenden Optionen in einem liegenden Baum von links nach rechts auf.

1. Identifizieren Sie von der Gegenwart ausgehend Ihre nächste anstehende Entscheidung und zeichnen Sie die möglichen Entscheidungsoptionen als Äste auf der linken Seite ein.
2. Zeichnen Sie nun für jeden dieser Optionsäste die daraus resultierenden Handlungsmöglichkeiten (oder Unteroptionen) auf, bis Sie zu einem wichtigen Zwischen- oder Endresultat gelangen.
3. Heben Sie diejenigen Handlungsoptionen mit einem Leuchtmarker hervor, die Ihnen am erfolgversprechendsten erscheinen.

WAS | Ein Entscheidungsbaum zeigt alle möglichen Entscheidungsvarianten sowie deren resultierende Optionen und mögliche Resultate.

WER | Investoren, Planer, Analysten, Strategen

WAS NOCH | Erfolgspfade (S. 46)
Beispiel S. 117

ENTSCHEIDUNGSBAUM

ENTSCHEIDUNGSPYRAMIDE

Sitzung, Analyse, Planung

WANN Bei der faktenbasierten Entscheidungsfindung und Planung im Team.

WARUM Um Entscheidungen auf der Basis der vorliegenden Fakten zu fällen und Aktivitäten darauf aufbauend zu planen.

WIE Zeichnen Sie eine dreistufige Pyramide, in deren Basiselement Sie alle relevanten Fakten für eine Entscheidung eintragen. Auf der zweiten Ebene tragen Sie die getroffenen Entscheidungen und auf der dritten die nötigen Handlungen ein.

1. Zeichnen Sie eine Pyramide mit drei Ebenen und beschriften Sie diese mit „Handlungen", „Entscheidungen" und „Informationen".
2. Tragen Sie stichwortartig die wichtigsten vorliegenden Informationen für die anstehende Entscheidung in die unterste Ebene der Pyramide ein.
3. Leiten Sie nun die nötigen Entscheidungen von diesen Informationen ab und tragen Sie diese auf der zweiten Stufe ein.
4. Definieren Sie die nächsten zwei bis drei Schritte, um die Entscheidungen in die Tat umzusetzen und platzieren Sie diese Aktivitäten im oberen Bereich der Pyramide.

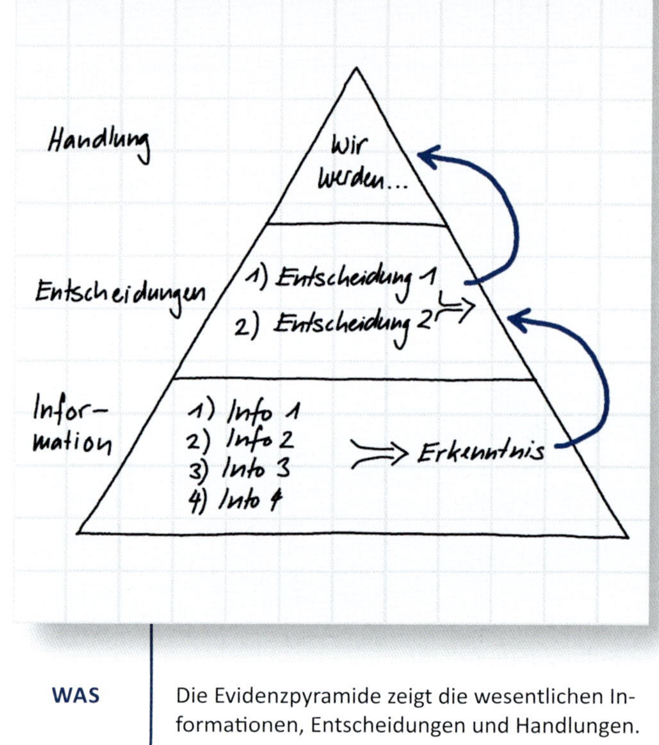

WAS Die Evidenzpyramide zeigt die wesentlichen Informationen, Entscheidungen und Handlungen.

WER Projektleiter, Führungskräfte, Berater

WAS NOCH Argumentationsskizze (S. 32), Zielhierarchie (S. 96)

ERFOLGSPFADE

Planung

WANN
Wenn Sie rasch neue Wege finden müssen, ein Problem zu lösen oder ein Ziel zu erreichen.

WARUM
Um neue Ideen, Lösungen oder alternative Optionen (im Team) zu entwickeln.

WIE
Zeichnen Sie den Status quo im unteren Teil eines Papiers und das Ziel im oberen. Platzieren Sie drei Barrieren zwischen Ist und Soll. Zeichnen Sie verschiedene Wege, um zum Ziel zu gelangen, und notieren Sie darauf Ihre Ideen.

1. Zeichen Sie den Status quo als Kästchen am unteren Ende eines Blattes ein. Zeichnen Sie Ihr Ziel als Kästchen am oberen Ende.
2. Zeichnen Sie einen Pfeil vom Status quo nach unten und überlegen Sie, wie Sie die Situation verschlimmern können.
3. Zeichen Sie einen Pfeil von rechts zum Ziel. Schreiben Sie darunter, wer Ihr Ziel schon in anderen Gebieten erreicht hat und wie.
4. Zeichnen Sie drei Kreise zwischen den Status quo und das Ziel und beschriften Sie diese mit möglichen Barrieren. Zeichnen Sie Pfeile vom Status quo zu den Barrieren und überlegen Sie, wie Sie diese reduzieren oder irrelevant machen können.

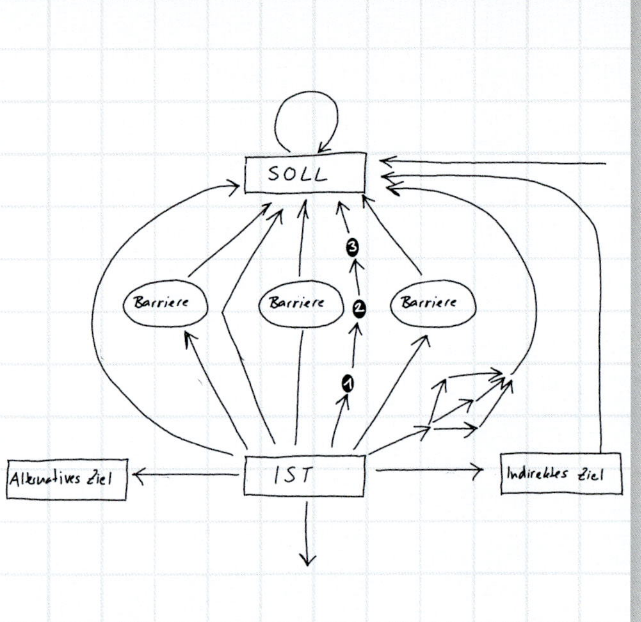

WAS
Neue Ideen werden als unterschiedliche Wege zum Ziel visualisiert.

WER
Berater, Strategen, Teamleiter, Moderatoren, Innovationsmanager, Entwickler

WAS NOCH
Bergweg (S. 34), Entscheidungsbaum (S. 42) Beispiel und ausführliche Beschreibung im Kapitel 6

FISCHGRÄTEGRAFIK

Analyse, Planung

WANN Wenn man mögliche Problemursachen oder Risiken identifizieren möchte.

WARUM Um an alle möglichen Einflussfaktoren zu denken, die ein Problem verursachen können.

WIE Zeichnen Sie einen Pfeil, der zu einem Problem führt. Platzieren Sie auf den Ästen des Pfeiles mögliche Einflussfaktoren oder Risikogruppen.

1. Identifizieren Sie das Problem, Risiko oder Ziel, das Sie analysieren wollen, und schreiben Sie es an den rechten Rand.
2. Zeichnen Sie einen Pfeil zu diesem Problem.
3. Ergänzen Sie fünf diagonale Äste zum Pfeil hin und beschriften Sie diese mit „Mensch", „Methode", „Milieu", „Material", und „Maschine" (oder „Medien").
4. Auf die Unteräste tragen Sie nun spezifische Problemursachen ein, welche zum entsprechenden Ast gehören (bei „Milieu" also Umweltfaktoren, die das Problem verursachen können; bei „Mensch" mögliche menschliche Fehler etc.). Heben Sie dabei besonders wichtige Problemtreiber hervor.

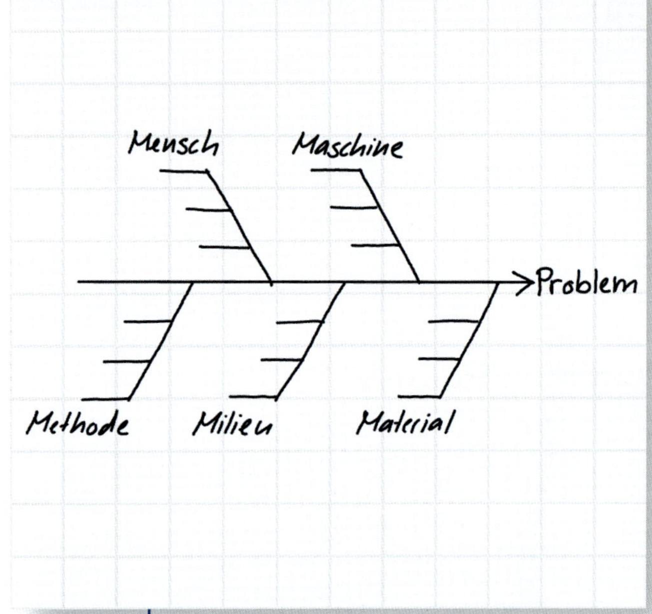

WAS Ein Problem wird in seine kategorisierten Ursachen zerlegt.

WER Qualitätsmanager, Risikomanager, Projektleiter, Moderatoren, Berater

WAS NOCH Risikolunte (S. 62), Risikomatrix (S. 64), SWOT (S. 80)
Fallstudienkapitel S. 10

FISCHGRÄTEGRAFIK

FLUSSDIAGRAMM

Planung, Analyse, Kommunikation

WANN Wenn es darum geht, einen Vorgang oder Ablauf neu zu gestalten, zu analysieren, zu verbessern, zu dokumentieren oder zu erklären.

WARUM Um die Hauptschritte, notwendigen Entscheidungen und Resultate eines Prozesses klar aufzuzeigen.

WIE Zeichnen Sie jede Aktivität als Kästchen und jeden Ja-Nein-Entscheidungspunkt als Rhombus. Verknüpfen Sie diese mittels Pfeilen von oben nach unten.

1. Beginnen Sie oben mit dem ersten Schritt als Kästchen.
2. Verbinden Sie dieses mit einem Pfeil mit einer zweiten Aktivität darunter.
3. Ergänzen Sie weitere Schritte bis eine Entscheidung notwendig ist. Zeichnen Sie diese als Rhombus ein.
4. Zeichnen Sie nun links den weiteren Prozessverlauf bei einer positiven und rechts bei einer negativen Antwort auf.
5. Zum Schluss sollte der Prozess in ein Endresultat münden, das Sie am unteren Ende des Diagramms positionieren.

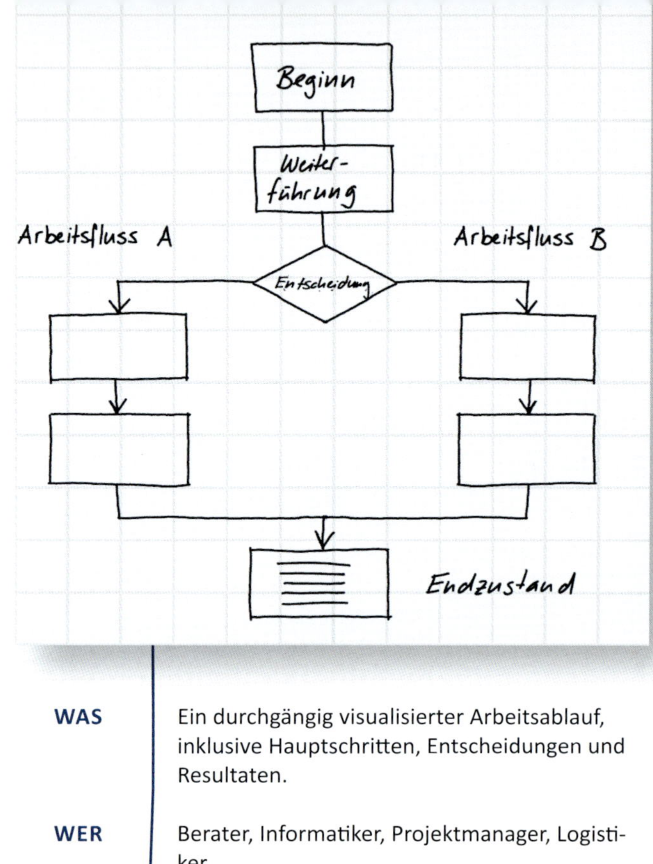

WAS Ein durchgängig visualisierter Arbeitsablauf, inklusive Hauptschritten, Entscheidungen und Resultaten.

WER Berater, Informatiker, Projektmanager, Logistiker

WAS NOCH Prozessskizze (S. 60), Zeitleiste (S. 94)

FLUSSDIAGRAMM

KONZEPTKARTE

Kommunikation

WANN | Wenn Sie ein kompliziertes Konzept verstehen oder erklären möchten.

WARUM | Um Elemente eines Konzeptes und deren Beziehungen einfach und im Überblick darzustellen.

WIE | Mittels Kreisen (Hauptwörtern) und Pfeilen (Verben) wird ein Konzept in seine Bestandteile zerlegt und mit Beispielen konkretisiert.

1. Schreiben Sie den Konzeptnamen am oberen Ende eines Blattes in einen Kreis.
2. Zeichnen Sie drei bis vier Pfeile nach unten und positionieren Sie Teilkonzepte an deren Ende. Beschriften Sie die Pfeile mit Verknüpfungsworten wie z.B. „beruht auf", „besteht aus" oder „braucht man für".
3. Zeichen Sie weitere Pfeile von diesen Unterkonzepten nach unten und ergänzen Sie weitere Elemente, so dass sich vollständige Sätze von oben nach unten ergeben.
4. Am unteren Ende ergänzen Sie konkrete Beispiele des Konzeptes.
5. Verbinden Sie nun, falls möglich, zwei vertikale Stränge mit beschrifteten Querpfeilen, um weitere Beziehungen zwischen den Elementen zu erklären.

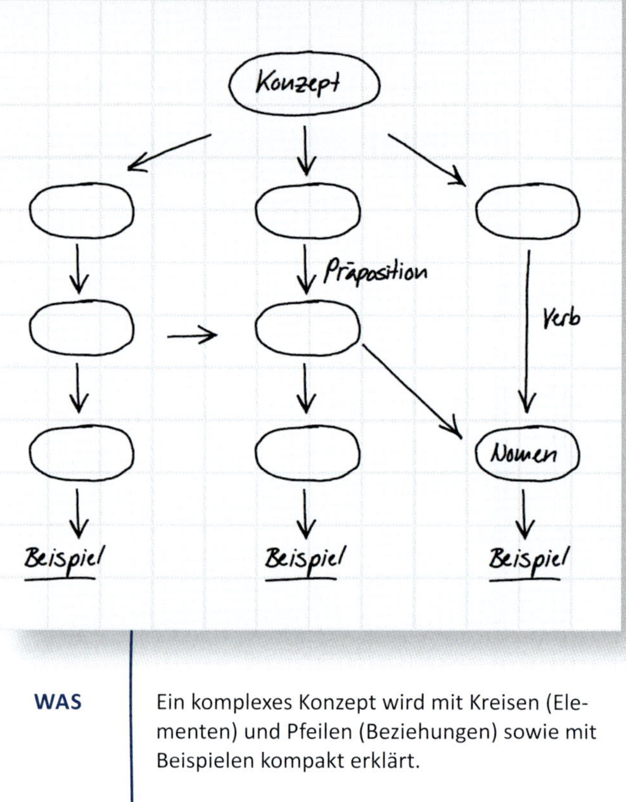

WAS | Ein komplexes Konzept wird mit Kreisen (Elementen) und Pfeilen (Beziehungen) sowie mit Beispielen kompakt erklärt.

WER | Trainer, Berater, Autoren, Lernende

WAS NOCH | Argumentationsskizze (S. 32), Zielhierarchie (S. 96) Beispiel S. 117

MIND MAP

Sitzung, Analyse

WANN Wenn man rasch viele Punkte oder Ideen zu einem Thema sammeln und hierarchisch strukturieren möchte.

WARUM Um einen Überblick über mögliche Meinungen, Ideen, Probleme, Lösungen, oder Optionen zu ermöglichen.

WIE Zeichnen Sie einen Kreis in der Mitte eines Blattes. In diesem tragen Sie das Thema ein. Fügen Sie nun Äste und Unteräste hinzu, auf denen Sie Teilthemen eintragen.

1. Schreiben Sie das Thema in einen Kreis in der Mitte eines Blattes.
2. Zeichnen Sie Linien von diesem Kreis weg, auf denen Sie Unterthemen platzieren (ohne die Äste zu berühren).
3. Ergänzen Sie falls nötig weitere Äste unter diesen, um Unterpunkte festzuhalten (z.B. mittels Beamer in einer Gruppendiskussion).
4. Versehen Sie wichtige Einträge im Mind Map mit zusätzlichen Symbolen oder heben Sie diese durch Farben hervor.
5. Um Querbezüge herzustellen, verbinden Sie wo sinnvoll, verschiedene Äste durch feine Pfeile.

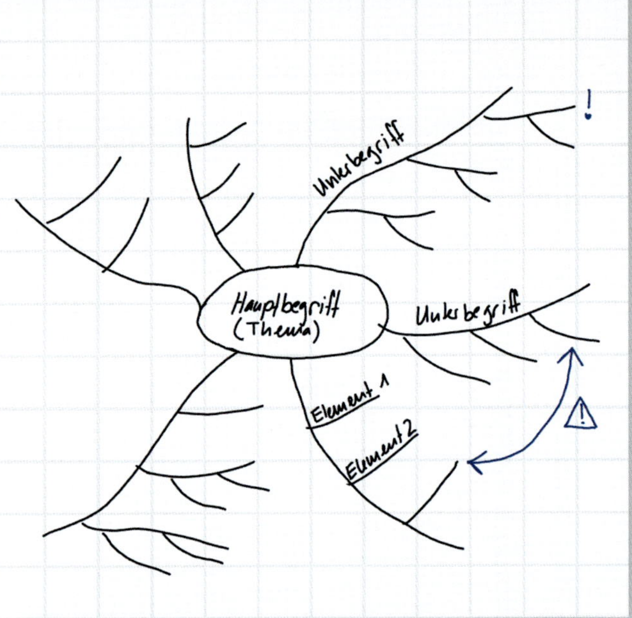

WAS Ein Thema wird hierarchisch durch Äste erweitert oder konkretisiert.

WER Berater, Projektmanager, Moderatoren, Trainer

WAS NOCH Anspruchsgruppenkarte (S. 28), Konzeptkarte (S. 52), Zielhierarchie (S. 96)

MIND MAP

NETZWERKSKIZZE

Analyse, Planung

WANN
Wenn Sie ein dynamisches Phänomen (wie etwa ein Geschäftsmodell oder einen Markt) besser verstehen möchten.

WARUM
Um die wesentlichen Treiber (und deren Abhängigkeiten) eines komplexen Phänomens sichtbar zu machen, so dass man es besser verstehen oder beeinflussen kann.

WIE
Zeichnen Sie die wichtigen Faktoren, die ein System bewegen, als Regelkreis mit verstärkenden (+) und reduzierenden (-) Einflüssen auf.

1. Beginnen Sie mit dem Zielzustand eines Systems (A) und fügen Sie einen Faktor (D) an, der direkt zu diesem Ziel führt. Dann ergänzen Sie Einflussfaktoren (C, B) für diesen Faktor usw., bis ein Kreislauf entsteht. Ist dieser selbstverstärkend (mehr A führt zu mehr B etc.), zeichnen Sie eine Lawine in seine Mitte.
2. Fügen Sie diesem Kreislauf nun weitere Einflussfaktoren hinzu (z.B. E bis H).
3. Heben Sie Faktoren, die Sie direkt beeinflussen oder messen können, grafisch hervor.

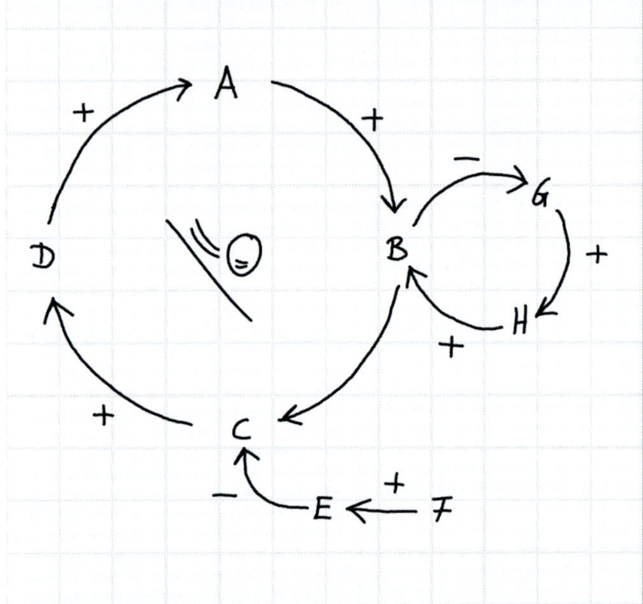

WAS
Ein komplexer Ablauf wird verständlich, wenn man seinen „Motor" und die zentralen Abhängigkeiten visualisiert.

WER
Analysten, Planer, Berater, Risikomanager

WAS NOCH
Problemeisberg (S. 58), Synergieskizze (S. 82) Beispiel S. 118

NETZWERKSKIZZE

PROBLEMEISBERG

Analyse

WANN   Wenn Sie die Ursachen eines akuten Problems gemeinsam diskutieren möchten.

WARUM   Um die Treiber sichtbar zu machen, die hinter einem Problem liegen, und so das Problem grundlegend zu lösen, anstatt nur Symptombekämpfung zu betreiben.

WIE   Zeichnen Sie einen Eisberg und notieren Sie in dessen Spitze das Problem. Die direkt zum Problem führenden Auslöser notieren Sie unter der Wasserlinie und wiederholen diesen Schritt um auf die Grundursachen zu stoßen.

1. Zeichnen Sie eine gewellte Wasserlinie im oberen Drittel eines Blattes.
2. Zeichnen Sie einen schematischen Eisberg als Dreieck mit Spitze oberhalb dieser Linie.
3. Benennen Sie das zu diskutierende Problem in der Spitze des Eisbergs.
4. Die direkten Auslöser des Problems zeichnen Sie unter der Wasserlinie ein. Fragen Sie dann, was diese Auslöser bewirkt hat und tragen Sie dies darunter ein. Zeichnen Sie diese Ursachenverläufe mit Pfeilen ein.
5. Heben Sie dann besonders wichtige (und beeinflussbare) Problemursachen hervor.

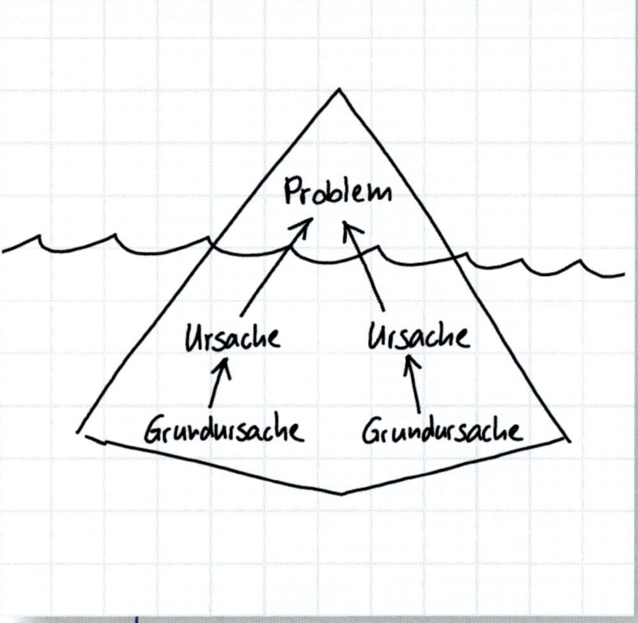

WAS   Die visuelle Metapher des Eisbergs betont, dass neben dem sichtbaren Problem viele unscheinbare Faktoren zu berücksichtigen sind, die es verursachen.

WER   Quallitätsmanager, Planer, Analysten, Strategen

WAS NOCH   Erfolgspfade (S. 46)
Beispiel S. 118

PROBLEMEISBERG

PROZESSSKIZZE

Planung, Analyse

WANN   Wenn Sie einen Geschäftsprozess darstellen müssen, an dem mehrere Abteilungen beteiligt sind.

WARUM   Um die Hauptschritte eines Prozesses so darzustellen, dass jeder Beteiligte seine Rolle darin versteht.

WIE   Zeichnen Sie eine Spalte für jeden Prozessbeteiligten und tragen Sie darin seine Prozessschritte senkrecht ein. Verbinden Sie diese mit den nachfolgenden Schritten der anderen Beteiligten.

1. Zeichnen Sie zwei bis vier senkrechte Striche und tragen Sie in diese Spalten die am Prozess beteiligten Stellen ein.
2. Zeichnen Sie den ersten Prozessschritt als Kästchen zuoberst in die entsprechende Spalte ein.
3. Mit einem Pfeil zum zweiten Kästchen führen Sie den Prozess fort, bis Sie das Prozessende erreicht haben.
4. Falls nützlich, ergänzen Sie auf jedem Pfeil die Informationen, welche weitergegeben werden sollten.

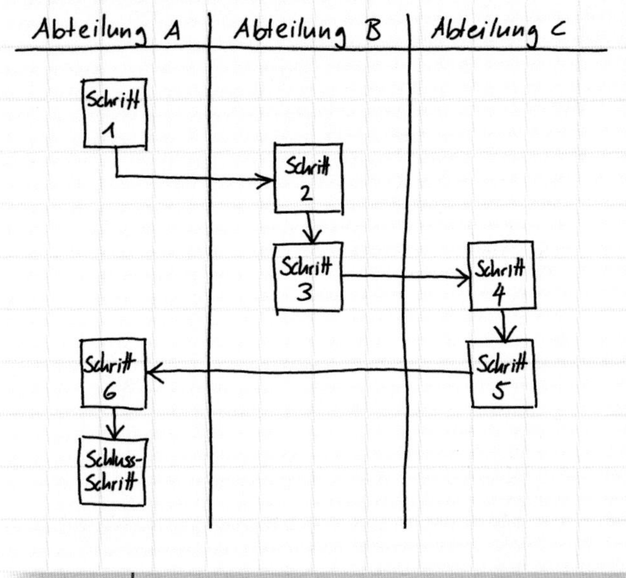

WAS   Die Prozessskizze zeigt Verantwortlichkeiten und Schrittabfolgen eines Prozesses im Überblick.

WER   Dienstleistungsmanager, Planer, Berater, IT-Manager

WAS NOCH   Flussdiagramm (S. 50), Zeitleiste (S. 94)
Beispiel S. 119

61
PROZESSSKIZZE

RISIKOLUNTE

Analyse

WANN
Wenn Sie ein Risiko und seine Einflussfaktoren und Präventionsmöglichkeiten besser verstehen wollen.

WARUM
Um Risikoursachen, Konsequenzen und Gegenmaßnahmen einfach darzustellen.

WIE
Zeichnen Sie eine Bombe mit verschieden langen Lunten. Platzieren Sie Geschirr und beschriften dieses mit möglichen Schäden. Scheren stellen Präventionsmaßnahmen dar.

1. Zeichnen Sie eine kleine Bombe und beschriften Sie diese mit dem Risikonamen.
2. Ziehen Sie verschiedene Linien (Risikotreiber oder Ursachen) von der Bombe weg. Je länger die Lunte ist, desto mehr Vorlaufszeit haben Sie, den Risikotreiber zu erkennen.
3. Zeichnen Sie eine Flamme auf jeder Lunte ein. Je größer die Flamme, desto wahrscheinlicher das Auftreten des Risikotreibers.
4. Zeichnen Sie Scheren neben den Lunten ein und beschriften Sie diese mit Maßnahmen, welche die Risikoauslöser reduzieren.
5. Neben die Bombe zeichnen Sie nun Gläser und Teller. Diese bezeichnen Größen, die vom Risiko im Eintretensfall betroffen sind.

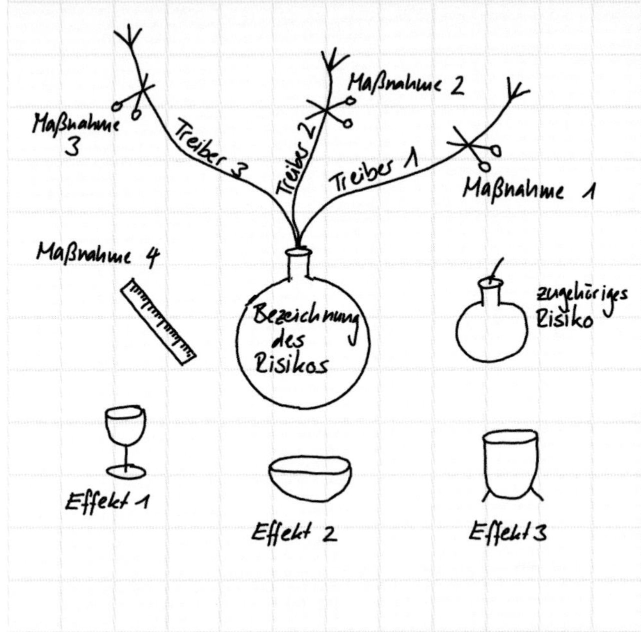

WAS
Die Metapher der Bombe signalisiert ein Risiko, das je nach Situation durch unterschiedliche Gründe ausgelöst (oder verhindert) werden kann.

WER
Risikomanager und -analysten

WAS NOCH
Fischgrätegrafik (S. 48), Risikomatrix (S. 64), SWOT (S. 80)
Beispiel S. 119

RISIKOLUNTE

RISIKOMATRIX

Analyse

WANN
Wenn Sie einen differenzierten Überblick über mögliche Risiken, der Ihre Organisation ausgesetzt ist, ermöglichen möchten.

WARUM
Um Risiken mit hohem Schadensausmaß und Eintretenswahrscheinlichkeit zu identifizieren und zeitnah Präventionsmaßnahmen zu treffen.

WIE
Zeichnen Sie eine Matrix mit den Achsen Wahrscheinlichkeit und Auswirkung und positionieren Sie darin Ihre wichtigsten Risiken.

1. Zeichnen Sie eine Vier-Felder-Matrix mit den Ausprägungen „tief" - „hoch" und den Achsen „Wahrscheinlichkeit" und „Auswirkung".
2. Positionieren Sie darin Ihre wichtigsten Risiken (= mögliche negative Vorkommnisse), je nach deren Eintretenswahrscheinlichkeit und negativen Auswirkungen.
3. Zeichnen Sie zu jedem Risiko einen Kreis, der die (frühe) Sichtbarkeit bzw. Vorhersagbarkeit des Risikos darstellt (kleiner Kreis = Risiko, welches nicht früh erkannt werden kann).
4. Verbinden Sie Risiken, die sich gegenseitig beeinflussen mit einem Pfeil.
5. Haken Sie Risiken ab, für die Sie bereits Präventionsmaßnahmen getroffen haben.

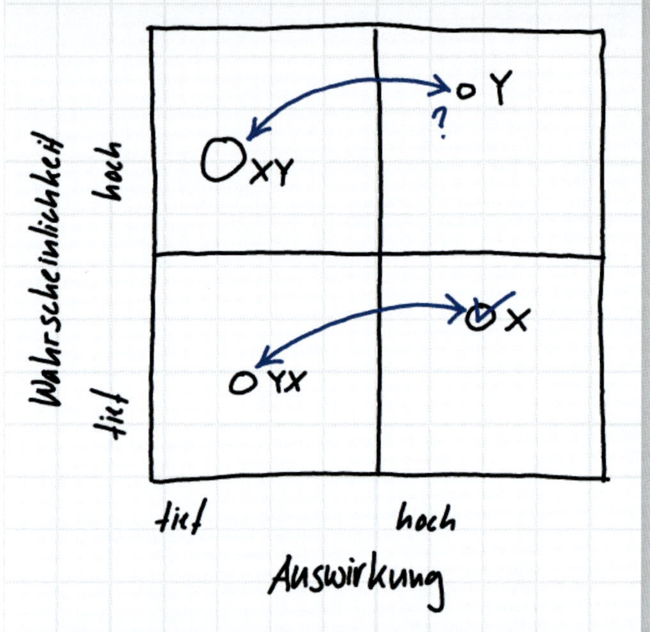

WAS
Die Risikomatrix ermöglicht einen Fokus auf besonders wahrscheinliche und/oder gravierende Risiken und zeigt deren Zusammenhang.

WER
Risikomanager, Berater, Projektleiter

WAS NOCH
Fischgrätegrafik (S. 48), Risikolunte (S. 62)

RISIKOMATRIX

SEQUENZSKIZZE

Analyse, Planung

WANN Wenn Sie eine Entwicklung anhand einer Diagrammabfolge aufzeigen oder analysieren möchten.

WARUM Um (realisierte oder geplante) Veränderungen und deren Effekte im Zeitverlauf besser verstehen und beurteilen zu können.

WIE Zeichnen Sie zwei korrespondierende Diagrammabfolgen in zwei Spalten. In der linken Spalte halten Sie wesentliche (geplante) Veränderungen grafisch fest, in der rechten zeigen Sie deren Konsequenzen.

1. Platzieren Sie eine Abfolge von Rechtecken in zwei Spalten und verbinden Sie diese mit Pfeilen.
2. In der linken Spalte zeigen Sie geplante oder bereits realisierte Veränderungen in einem gleichbleibenden Diagrammformat auf.
3. In der rechten Spalte zeigen Sie mit einem weiteren Diagrammformat die Auswirkungen dieser Veränderung zum jeweiligen Zeitpunkt auf.
4. Heben Sie mit einer anderen Farbe wichtige Veränderungselemente grafisch hervor.

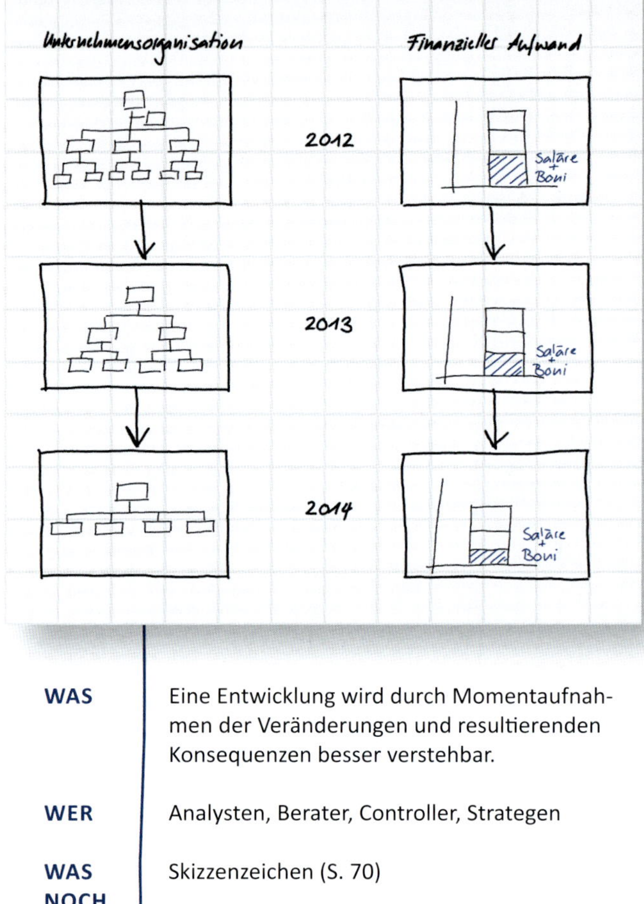

WAS Eine Entwicklung wird durch Momentaufnahmen der Veränderungen und resultierenden Konsequenzen besser verstehbar.

WER Analysten, Berater, Controller, Strategen

WAS NOCH Skizzenzeichen (S. 70)

SEQUENZSKIZZE

SITZUNGSAGENDA

Sitzung

WANN   Wenn Sie eine Sitzung effizient planen, durch-
führen und dokumentieren möchten.

WARUM   Um das Sitzungsziel und den Sitzungsverlauf
ständig sichtbar zu machen und so das Sitzungs-
verhalten zu optimieren.

WIE   Zeichnen Sie einen senkrechten Pfeil auf ein
Flipchart auf, an dessen Ende Sie das Sitzungsziel eintragen. Auf dem Pfeil tragen Sie die
entsprechenden Agendapunkte ein.

1. Beschriften Sie eine Flipchartseite mit den
   Spaltentiteln „Zeit", „Thema", „Aspekt/Frage"
   oder „Problem" und „Entscheidung".
2. Zeichnen Sie auf der linken Seite des Flipcharts einen Pfeil von oben nach unten.
   Das Sitzungsziel schreiben Sie ans Ende des
   Pfeiles, die Agendapunkte der Sitzung auf
   den Pfeil. Notieren Sie gegebenenfalls die
   notwendige Zeit pro Punkt und die jeweilige
   Fragestellung/Problematik und zu treffende
   Entscheidungen.
3. Um den Fortschritt der Sitzung aufzuzeigen,
   markieren Sie jeweils erledigte Agendapunkte
   auf dem Pfeil und dokumentieren die besprochenen Themen in den jeweiligen Spalten.

WAS   Das Sitzungsziel und der Sitzungsverlauf sind
in einem Diagramm immer für alle aktualisiert
sichtbar.

WER   Sitzungsleiter, Teamleiter, Projektmanager,
Trainer

WAS NOCH   Traktandenuhr (S. 86)
Fallstudienkapitel S. 7

SKIZZENZEICHEN

Kommunikation

WANN	Wenn Sie in Gruppen zahlenbasierte Fakten besprechen und für Entscheide nutzen müssen.
WARUM	Um die Diskussion über Statistiken zu unterstützen und allen Beteiligten die Möglichkeit zu geben, Ihre Sichtweise und Interpretation der Zahlen darzustellen.
WIE	Besprechen Sie wichtige Zahlengrafiken in der Gruppe, indem Sie direkt darauf skizzieren und wichtige Aspekte hervorheben oder miteinander verbinden.

1. Drucken Sie wichtige Charts auf DIN-A3-Blättern aus und hängen diese im Sitzungszimmer auf. Verteilen Sie Ihren Kollegen Stifte.
2. Beginnen Sie die Diskussion, indem Sie nach Interpretationen der Zahlen fragen, und zeigen Sie dabei mit dem Stift, wovon Sie reden.
3. Nutzen Sie die folgenden Elemente:
   - Trendlinien, um Zukünftiges darzustellen
   - Verbindungslinien, um Einträge direkt miteinander vergleichen zu können
   - Kreise, um Ereignisse hervorzuheben
   - Schraffuren, um Blöcke zu unterteilen
   - Symbole, um wichtige Stellen zu markieren.

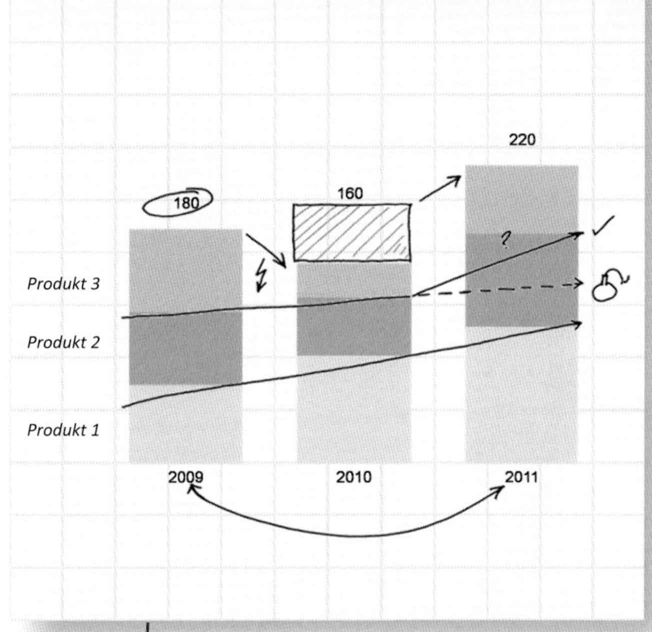

WAS	Quantitative Bilder, die mit Handzeichnungen ergänzt werden, um die Gruppendiskussion zu fokussieren und Missverständnisse zu vermeiden.
WER	Controller, Berater, Finanzanalysten, Projektmanager
WAS NOCH	Sequenzskizze (S. 66)

SOZIALES NETZWERK

Analyse, Verkauf

WANN

Wenn Sie die Beziehungen zwischen Schlüssel-personen in einem Netzwerk analysieren oder aufzeigen müssen.

WARUM

Um die direkte und indirekte Beeinflussung von verschiedenen Akteuren sichtbar und damit besprechbar zu machen.

WIE

Zeichnen Sie mittels Sternmenschen die zentra-len Personen eines Vorhabens innerhalb eines Kreises und definieren Sie deren Beziehungen. Ergänzen Sie weitere wichtige Personen in deren Umfeld.

1. Zeichnen Sie den wichtigsten Entscheider (z.B. Käufer oder Sponsor) in der Mitte des Diagramms.
2. Zeichnen Sie nun Personen ein, die diesen direkt beeinflussen können, und umkreisen Sie diese.
3. Zeichnen Sie mittels Pfeilen wichtige Bezie-hungen ein und qualifizieren Sie diese mittels einfachen Piktogrammen (+ für Freundschaf-ten, - für Rivalitäten, etc.)
4. Fügen Sie nun weitere Personen außerhalb des Kreises hinzu und visualisieren Sie deren Einfluss auf die anderen Akteure.

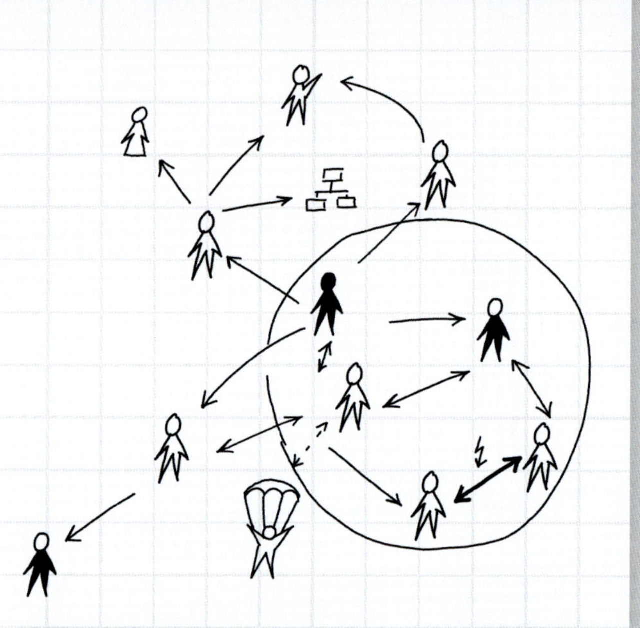

WAS

Menschen und deren Beziehungen werden in einer vereinfachten Netzwerkgrafik abgebildet.

WER

Verkaufsmitarbeiter, Berater, Marketingspezia-listen, Abteilungsleiter

WAS NOCH

Beziehungsskizze (S. 36)
Beispiel S. 120

SPEKTRUM

Analyse

WANN Wenn das gesamte Spektrum an Möglichkeiten entlang eines Kriteriums aufgezeigt werden soll.

WARUM Um einen Überblick über mögliche Ausprägungen oder Varianten einer Lösung zu erlangen.

WIE Zeichnen Sie eine lange waagrechte Linie als Doppelpfeil. Beschriften Sie die beiden Enden mit zwei sich ausschließenden Eigenschaften oder Polen und positionieren Sie nun mögliche Optionen bzw. Zwischenstufen auf dem Pfeil (z.B. wichtig-unwichtig, Kooperation-Alleingang, günstig-teuer, kurzfristig-langfristig, intern-extern).

1. Zeichnen Sie eine lange Linie mit zwei Pfeilenden und beschriften Sie diese mit zwei Polen einer wichtigen Lösungseigenschaft.
2. Teilen Sie diese Achse nun mit kleinen senkrechten Strichen in verschiedene Abschnitte ein.
3. Benennen Sie verschiedene Zwischenformen der Lösung bzw. Varianten auf der Linie.
4. Ergänzen Sie zu jeder platzierten Lösung Stichworte.
5. Diskutieren Sie die Optionen in einer Gruppe und markieren Sie die besten.

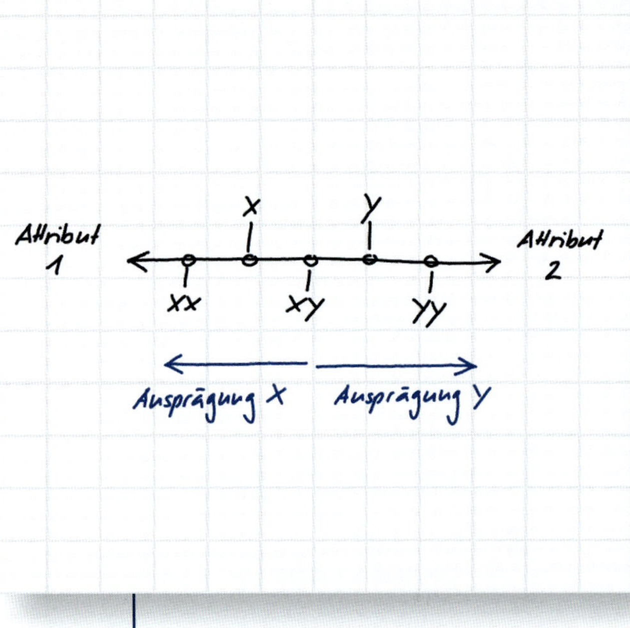

WAS Das Spektrum an Lösungsmöglichkeiten wird auf einem Doppelpfeil entlang eines Kriteriums eingetragen.

WER Berater, Strategen, Moderatoren, Coaches

WAS NOCH Szenariogramm (S. 84)
Beispiel S. 120

STRATEGY CANVAS

Analyse

WANN — Wenn das eigene Leistungsprofil gegenüber der Konkurrenz verglichen oder differenziert werden soll.

WARUM — Um verstehen zu können, wo Differenzierungsmöglichkeiten bestehen oder wie sich das Leistungsangebot von anderen unterscheiden lässt.

WIE — Zeichnen Sie ein Koordinatensystem, auf dessen horizontaler Achse Sie wichtige Merkmale Ihres Produktes eintragen. Zeichnen Sie dann das Ausprägungsprofil Ihrer Leistung ein und vergleichen es mit dem Angebot der Mitbewerber.

1. Zeichnen Sie eine horizontale (Angebotseigenschaften) und eine vertikale Achse (Ausprägung) und beschriften diese.
3. Tragen Sie auf der Horizontalen wichtige Merkmale für Ihr Produkt oder Ihre Dienstleistung ein.
4. Zeichnen Sie nun Ihre Profillinie ein, d.h. in welchen Merkmalen Ihr Produkt eine niedrige und wo es eine hohe Ausprägung ausweist.
5. Ergänzen Sie nun das Profil Ihres Hauptkonkurrenten oder tragen Sie Ihr „Wunschprofil" ein und diskutieren Sie die Unterschiede.

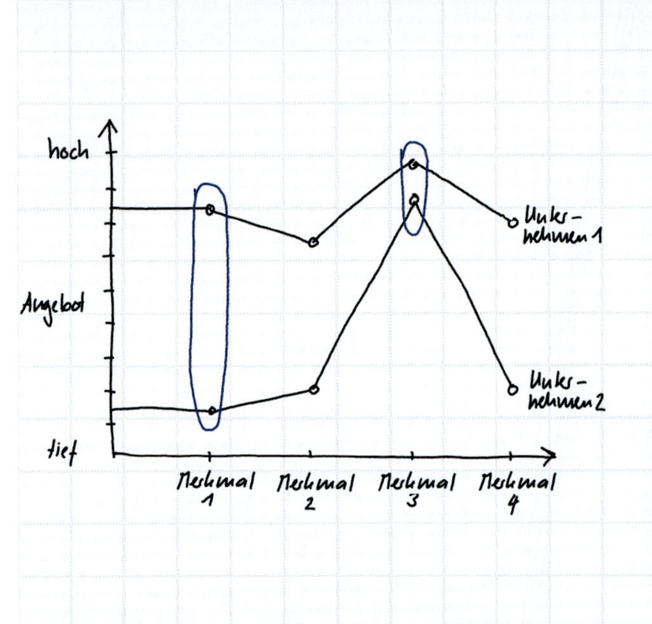

WAS — Das eigene Leistungsprofil wird mit Konkurrenten oder einer Zielsetzung anhand von Kerneigenschaften verglichen.

WER — Berater, Geschäftsführer, Innovatoren, Strategen,

WAS NOCH — Sweet Spot (S. 78)
Beispiel S. 121

SWEET SPOT

Analyse

WANN
Wenn man das eigene Angebot mit dem der Mitbewerber vergleichen und so Alleinstellungsmerkmale (Sweet Spots) identifizieren will.

WARUM
Um die Produkt- oder Dienstleistungseigenschaften zu visualisieren, die einen konkurrenzlosen Kundenvorteil ermöglichen.

WIE
Zeichnen Sie drei überlappende Kreise, auf denen Sie Ihr Angebot, das Konkurrenzangebot und Wünsche des Kunden eintragen.

1. Zeichnen Sie drei Kreise und beschriften Sie diese mit „Unser Angebot", „Konkurrenzangebote" und „Kundenbedürfnisse".
2. Platzieren Sie Eigenschaften Ihres Produktes im Kreis „Unser Angebot". Für den Kunden wichtige Eigenschaften platzieren Sie in der Schnittmenge mit dem Kreis „Kundenbedürfnisse"; aber nur, wenn die Vorteile nicht auch von Konkurrenten angeboten werden. Sind die Vorteile wichtig und werden von Mitbewerbern abgedeckt, platzieren Sie diese in der zentralen Schnittmenge der drei Kreise.
3. In der Schnittmenge von Kundenbedürfnis- und Konkurrenz-Kreis platzieren Sie Eigenschaften, die Ihrem Produkt noch fehlen.

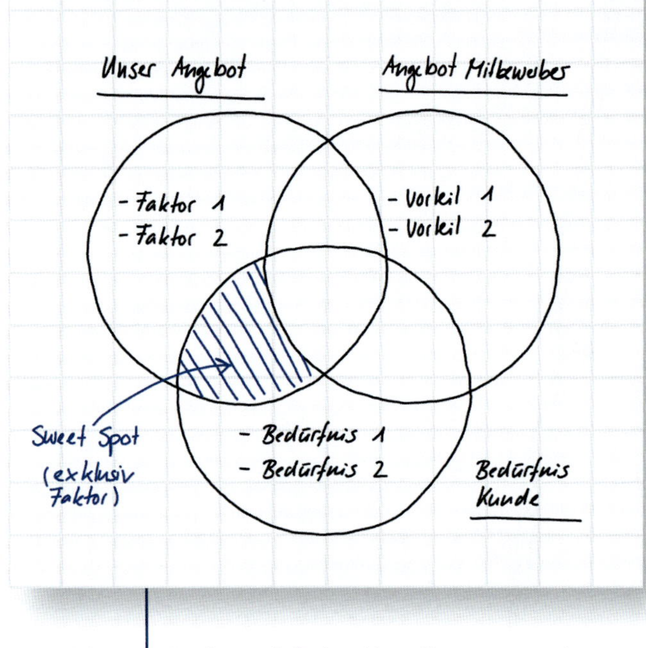

WAS
In einem einfachen Venndiagramm werden exklusive Vorteile des eigenen Produktes sichtbar.

WER
Marketingspezialisten, Strategen, Berater, Innovationsmanager

WAS NOCH
Strategy Canvas (S. 76)
Beispiel S. 121

SWEET SPOT

SWOT

Analyse

WANN — Wenn Sie die strategische Situation Ihrer Organisation im Überblick und als Momentaufnahme beurteilen möchten.

WARUM — Um aufgrund der Stärken und Schwächen mögliche (Markt-) Chancen und Risiken zu identifizieren.

WIE — Kombinieren Sie in einer Matrix die interne Sicht (Stärken und Schwächen) auf Ihre Organisation mit der externen Sicht (Chancen und Risiken) auf den Markt.

1. Zeichnen Sie eine Matrix, deren eine Achse Sie mit „Schwächen" und „Stärken" und die andere mit „Chancen" und „Risiken" beschriften.
2. Ergänzen Sie nun Inhalte in den vier Feldern entsprechend folgender Fragen:
   - oben links: Wie können Sie Ihre Stärken für neue Marktchancen nutzen?
   - oben rechts: Wie können Sie mit Ihren Stärken mögliche Risiken reduzieren?
   - unten links: Könnte aus einer Schwäche eine Chance entstehen?
   - unten rechts: Welche Ihrer Schwächen können zum Risiko werden?
3. Leiten Sie Handlungsbedarfe daraus ab.

WAS — Die Stärken und Schwächen einer Organisation werden mit (externen) Chancen und Bedrohungen verknüpft.

WER — Berater, Strategen, Moderatoren

WAS NOCH — Fischgrätegrafik (S. 48), Risikolunte (S. 62) Beispiel S. 122

SYNERGIESKIZZE

Planung, Analyse

WANN | Wenn Sie Ihre Ziele auf mögliche Synergien und Konflikte hin untersuchen möchten.

WARUM | Um die eigene Planung und Strategieformulierung zu verbessern, indem Ziele systematisch verknüpft werden.

WIE | Positionieren Sie Ihre kurz-, mittel-, langfristigen und permanenten Ziele auf einem Kreis und zeichnen Sie mögliche Ziel-Synergien und Konflikte als Pfeile ein.

1. Zeichnen Sie einen großen Kreis und teilen diesen in vier Segmente (kurzfristige, mittelfristige, langfristige und permanente Ziele).
2. Positionieren Sie Ihre ca. zehn wichtigsten Ziele auf diesem Zeitkreis gemäß deren Fälligkeit (z.B. 1. Kreissegment = kurzfristige Ziele, 2. Kreissegment = mittelfristige Ziele etc.).
3. Färben Sie jedes Ziel nach dem momentanen Erreichungsgrad ein.
4. Zeichnen Sie Verbindungspfeile zwischen den Zielen, um Synergien und Konflikte zu identifizieren und zu benennen.
5. Ergänzen Sie mittels Pfeilen von außen weitere Einflussfaktoren für die wichtigsten Ziele.

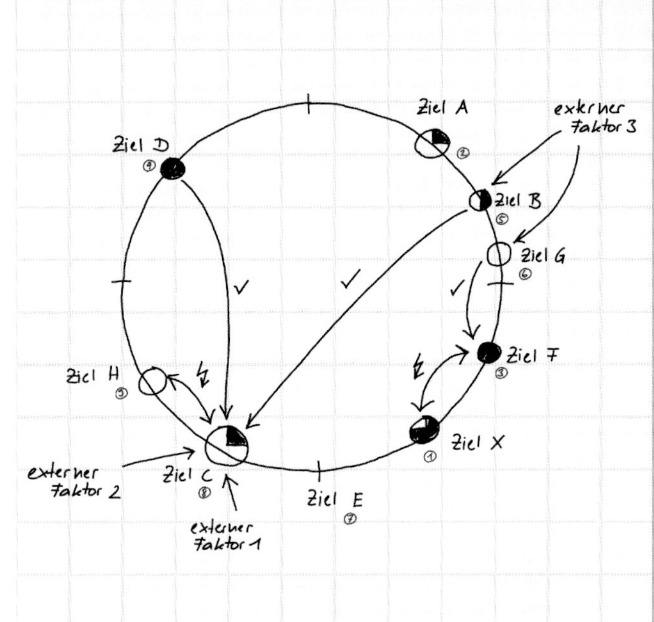

WAS | Zielsynergien und -konflikte sowie externe Faktoren werden systematisch visualisiert.

WER | Berater, Strategen, Moderatoren, Projektleiter, Coaches

WAS NOCH | Netzwerkskizze (S. 56), Risikolunte (S. 62) Beispiel und ausführliche Beschreibung im Kapitel 6

SZENARIOGRAMM

Planung

WANN   Wenn man die Zukunft verstehen will, indem man mögliche Entwicklungen anhand zweier Faktoren unterscheidet.

WARUM   Um sich besser auf mögliche Entwicklungen vorzubereiten.

WIE   Identifizieren Sie zwei Einflussfaktoren für Ihre Zukunft und zeichnen Sie diese als zwei Achsen (jeweils in der positiven und in der negativen Ausprägung).

1. Am oberen Ende der vertikalen Achse zeichnen Sie ein +, am unteren ein -. Bei der waagrechten Achse zeichnen Sie entsprechend ganz links ein - und ganz rechts ein + ein. Beschriften Sie die Achsen mit zwei wichtigen Faktoren, welche die Zukunft beeinflussen.
2. Im Quadranten I beschreiben Sie das bestmögliche Szenario (d.h. beide Einflussfaktoren entwickeln sich positiv); im Quadranten III beschreiben Sie das denkbar schlechteste Zukunftsbild und in den anderen Quadranten II und IV entsprechend gemischten Szenarien.
3. Analysieren Sie den Einfluss, den jedes Szenario auf Ihre Strategie, Ziele oder Pläne haben könnte.

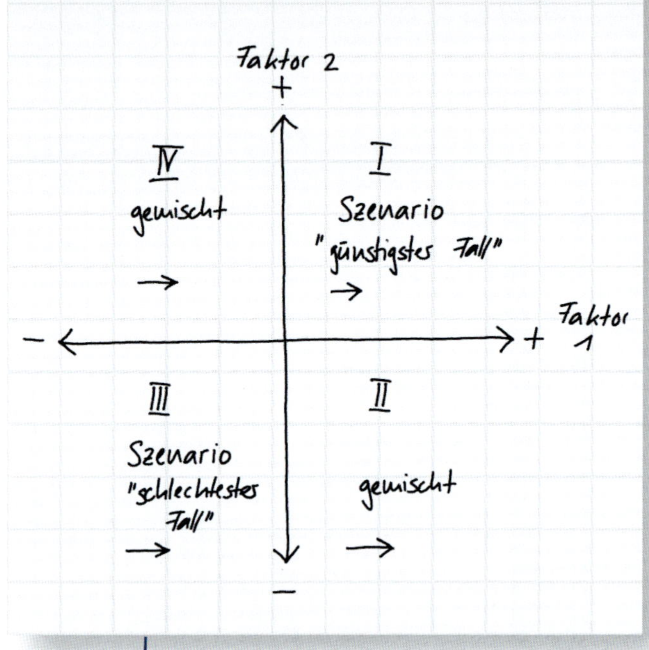

WAS   Das Szenariogramm bildet vier verschiedene Möglichkeiten einer zukünftigen Entwicklung ab.

WER   Planer, Analysten, Strategen

WAS NOCH   Spektrum (S. 74)
Beispiel S. 122

SZENARIOGRAMM

TRAKTANDENUHR

Sitzung

WANN | Es besteht der Bedarf, die Sitzungsthemen und die dafür zur Verfügung stehende Zeit darzustellen.

WARUM | Um sicherzustellen, dass die Teilnehmenden die zur Verfügung stehende Zeit kennen und einhalten.

WIE | Zeichnen Sie einen großen Kreis und unterteilen Sie diesen in Segmente, welche für die pro Thema zur Verfügung stehende Zeit stehen.

1. Zeichnen Sie für alle Meeting-Teilnehmer sichtbar einen großen Kreis.
2. Bestimmen Sie die Themen der Sitzung und deren zur Verfügung stehende Zeit.
3. Notieren Sie sich auf einem zusätzlichen Blatt Papier die beste Abfolge der Themen.
4. Unterteilen Sie den Kreis in Segmente, die so realitätsnah wie möglich den Zeitbedarf wiedergeben. Schreiben Sie die Sitzungsthemen neben die Kreissegmente.
5. Um die Sitzung in Schwung zu halten, markieren Sie jene Themen, die bereits diskutiert wurden.

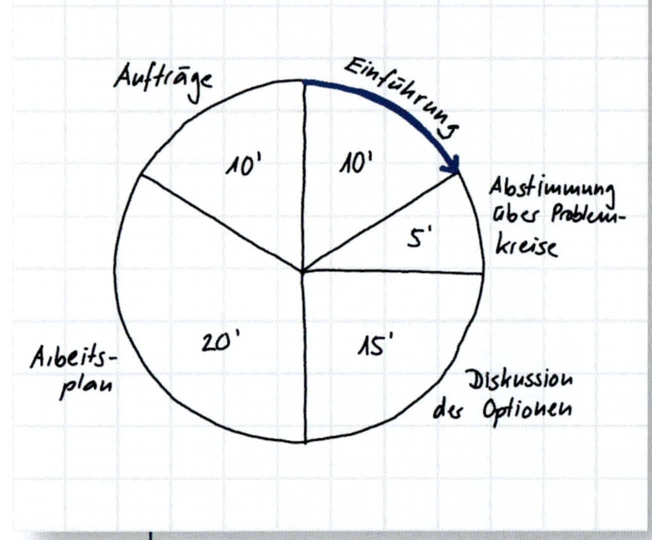

WAS | Eine Sitzung wird in Themenscheiben entsprechend Ihrer Reihenfolge und Diskussionszeit aufgeteilt.

WER | Moderatoren, Teamleiter, Trainer, Sitzungsleiter

WAS NOCH | Sitzungsagenda (S. 68)

TRAKTANDENUHR

TRICHTER

Kommunikation

WANN
Wenn Sie einen Auswahl- oder Reduktionsprozess darstellen müssen, indem ein Input schrittweise zu einem Resultat führt.

WARUM
Um zu erklären, wie durch Filtern oder Auswahl aus einem oder mehreren Eingangsfaktoren ein höherwertiges Resultat entstehen kann.

WIE
Zeichnen Sie eine umgekehrte Pyramide ohne Spitze und einem offenen Quadrat und unterteilen Sie die Pyramide durch waagrechte Striche.

1. Zeichnen Sie einen Trichter als umgekehrte Pyramide mit offenem Ende.
2. Durch waagrechte Striche teilen Sie den Trichter in gleiche Teile.
3. Schreiben Sie die Eingangsgrößen oberhalb des Trichters und das Endresultat unterhalb (jeweils mit Pfeilen).
4. In den Abschnitten auf dem Trichter beschriften Sie die notwendigen Zwischenschritte (und evtl. entsprechende Auswahlkriterien).

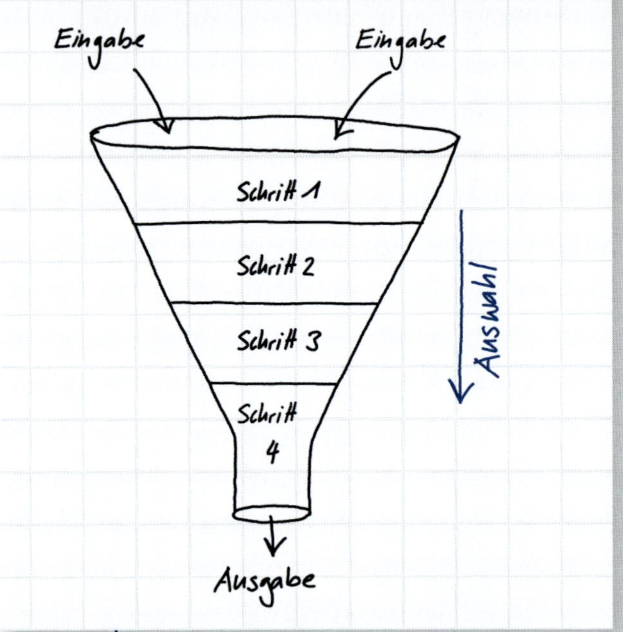

WAS
Die Trichtermetapher eignet sich um schrittweise Auswahlprozesse darzustellen und zu besprechen.

WER
Personalfachleute (z.B. Rekrutierer), Marketingspezialisten, Analysten, Investoren

WAS NOCH
Brücke (S. 38), Flussdiagramm (S. 50)
Beispiel S. 123

TRICHTER

VERHANDLUNGSSKIZZE

Verkauf

WANN

Wenn Sie mit einem Verhandlungspartner klären möchten, in welchen Punkten Sie übereinstimmen und in welchen nicht.

WARUM

Um offene Verhandlungspunkte zu klären, indem man die eigene Position und diejenige des Verhandlungspartners darstellt und gewichtet.

WIE

Zeichnen Sie zwei große überlappende Kreise. Tragen Sie in den rechten Ihre und in den linken die Anforderungen des Verhandlungspartners an eine einvernehmliche Lösung ein. In die Schnittfläche tragen Sie die gemeinsamen Interessen ein.

1. Zeichnen Sie zwei große überlappende Kreise.
2. Tragen Sie in die Schnittfläche das gemeinsame Interesse der Beteiligten ein.
3. Tragen Sie rechts Ihre Anforderungen und links diejenigen des Verhandlungspartners ein. Je wichtiger eine Anforderung ist, desto höher platzieren Sie diese innerhalb des jeweiligen Kreises.
4. Identifizieren Sie Möglichkeiten, wie für wichtige Anforderungen Kompromisse gefunden werden können.

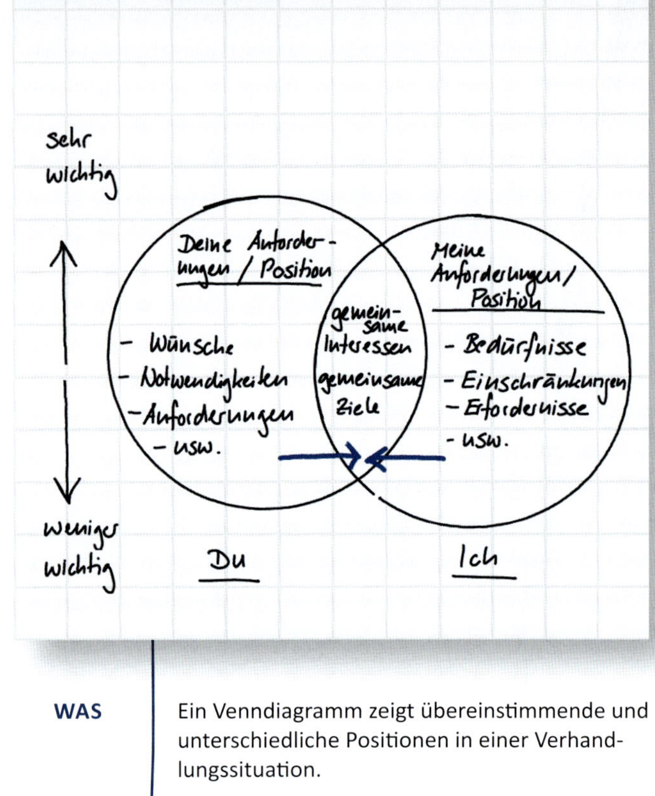

WAS

Ein Venndiagramm zeigt übereinstimmende und unterschiedliche Positionen in einer Verhandlungssituation.

WER

Verkaufsberater, Verhandler

WAS NOCH

Verkaufswaage (S. 92)

VERKAUFSWAAGE

Verkauf

WANN	Wenn Sie einen potenziellen Kunden vom Preis-/Leistungsverhältnis Ihres Produktes bzw. Ihrer Dienstleistung überzeugen wollen.
WARUM	Um mit der Metapher der Waage den Nutzen einer Lösung mit deren Kosten abzuwägen.
WIE	Zeichnen Sie eine einfache Waage mit zwei Schalen, die Sie mit „Merkmale" bzw. mit „Preis" beschriften.

1. Zeichnen Sie eine schematische, ausgeglichene Waage mit zwei Schalen, die Sie mit „Vorteilen" und „Preis" beschriften.
2. Illustrieren Sie exemplarisch einige der Vorteile Ihres Produktes auf der linken Seite und argumentieren Sie mit einem fairen Preis dafür auf der rechten Seite.
3. Zeichnen Sie nun ein, was diese Waage zum Kippen bringen würde, z.B. übermäßige Rabatte oder Zusatzleistungen ohne Kostenabgeltung.

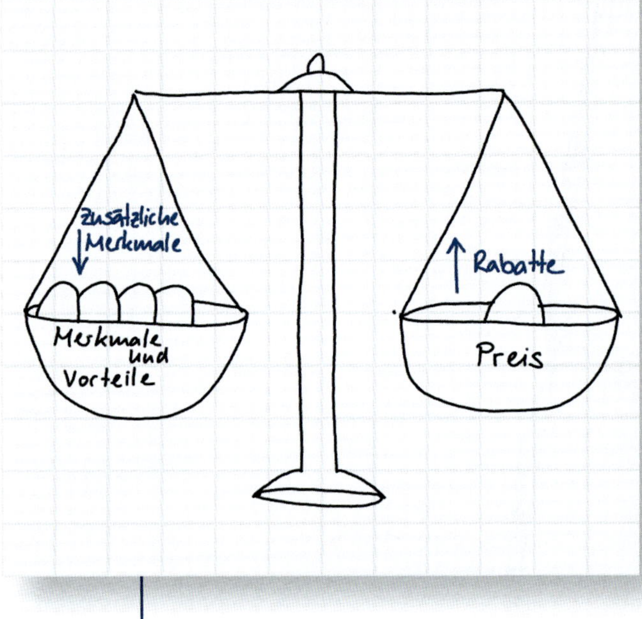

WAS	Die visuelle Metapher der Waage betont den Umstand, dass eine gute Leistung einen entsprechenden Preis rechtfertigt.
WER	Verkaufsberater, Verhandler
WAS NOCH	Verhandlungsskizze (S. 90)

ZEITLEISTE

Planung

WANN	Wenn Sie eine Serie von Aktivitäten planen müssen, die voneinander abhängig sind.
WARUM	Um Aktivitäten, die zeitlich voneinander abhängen, im Team besser planen und abstimmen zu können.
WIE	Zeichnen Sie eine Wochen- oder Monatslinie von links nach rechts und platzieren Sie darunter wichtige Aufgabenverläufe in diesen Zeitraum als parallele oder konvergierende Pfeile.

1. Zeichnen Sie einen waagrechten Pfeil und teilen Sie diesen in Wochen- oder Monatsabschnitte ein.
2. Unter diesem Pfeil zeichnen Sie nun verschiedene Pfeile ein, die geplante Aktivitäten darstellen.
3. Zeichnen Sie (Zwischen-) Resultate als Punkte zwischen den Pfeilen ein und beschriften Sie diese.
4. Versehen Sie, falls möglich, jeden Aktivitätspfeil mit einer verantwortlichen Person.
5. Heben Sie besonders kritische Übergänge oder Abgabetermine visuell hervor.

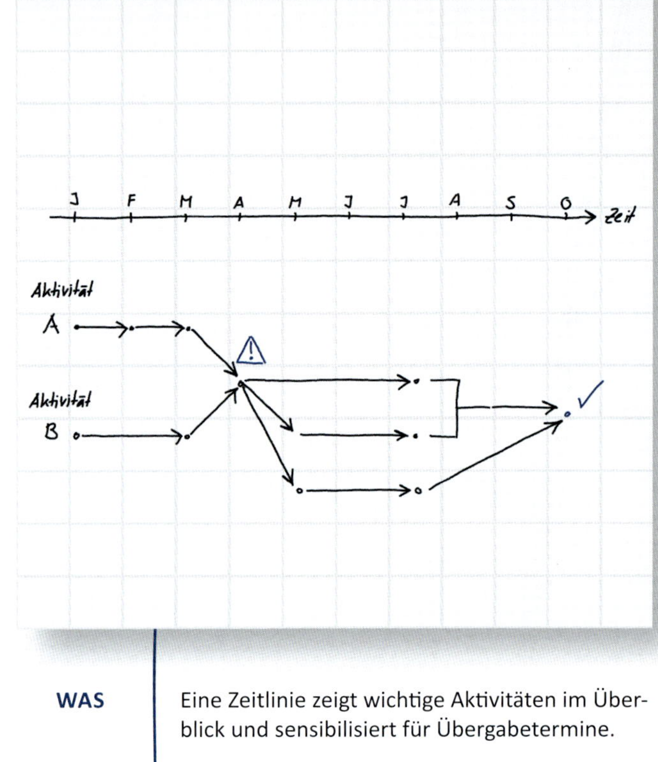

WAS	Eine Zeitlinie zeigt wichtige Aktivitäten im Überblick und sensibilisiert für Übergabetermine.
WER	Planer, Projektleiter, Eventmanager, Berater, Teamleiter
WAS NOCH	Bergweg (S. 64) Beispiel S. 123 Fallstudienkapitel S. 11

ZEITLEISTE

ZIELHIERARCHIE

Planung

WANN
Wenn es darum geht, ein großes Ziel in konkrete Unterziele und Aktivitäten zu gliedern.

WARUM
Um ein gemeinsames Verständnis eines Zieles und seiner Komponenten zu entwickeln.

WIE
Teilen Sie ein Ziel grafisch in seine Unterziele und die entsprechenden Aktivitäten ein.

1. Definieren Sie das zu erreichende Ziel und zeichnen Sie es als Kasten am oberen Papierrand.
2. Leiten Sie davon die Unterziele ab und zeichnen Sie diese als Kästchen unter dem Ziel ein.
3. Führen Sie nun darunter die Aktivitäten auf, die notwendig sind, um das Unterziel zu erreichen.
4. Zeichnen Sie gegenseitige Abhängigkeiten von Aktivitäten mit Pfeilen ein.
5. Bereits erreichte Ziele oder erledigte Aktivitäten können entsprechend abgehakt werden.

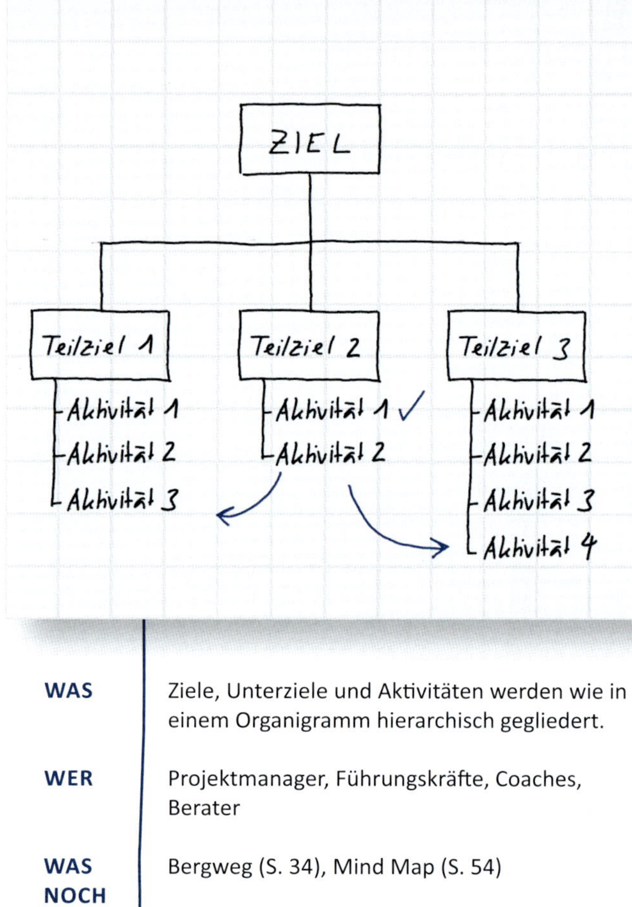

WAS
Ziele, Unterziele und Aktivitäten werden wie in einem Organigramm hierarchisch gegliedert.

WER
Projektmanager, Führungskräfte, Coaches, Berater

WAS NOCH
Bergweg (S. 34), Mind Map (S. 54)

6. ZWEI METHODEN IM DETAIL
PLANUNG UND KREATIVITÄT DURCH SCHRITTWEISE VISUALISIERUNG

In diesem Kapitel möchten wir Ihnen zwei unserer Skizziermethoden genauer vorstellen und Ihnen so zeigen, wie Sie auch komplexere Visualisierungstechniken einfach nutzen können. Beide Techniken sind insbesondere für den Innovationskontext wichtig, da Sie einen systematisch darin unterstützen, seine Ziele oder Aufgaben neu zu denken und innovative Verbindungen und Kombinationen zu entwickeln. Für jede Methode stellen wir das schrittweise Vorgehen dar und zeigen durch Beispiele, wie Sie den Nutzen der Methode sicherstellen. Zuerst stellen wir die Synergieskizzen-Methode dar, eine Planungstechnik, die Ihnen hilft, Synergien zwischen Ihren Aktivitäten zu entdecken und mögliche Zielkonflikte in den Griff zu bekommen. Als zweite ausführliche Methode präsentieren wir die Paths to Success oder Erfolgspfad-Methode. Es handelt sich dabei um eine universell einsetzbare Kreativitätstechnik, die sowohl für Sie als Einzelperson wie auch für den Einsatz in Gruppen geeignet ist.

ZIELE VERSTEHEN – SYNERGIEN SCHAFFEN – DIE SYNERGIESKIZZEN-METHODE FÜR INDIVIDUELLE UND GEMEINSAME ZIELDISKUSSIONEN

Ziele spielen in unserem Denken und Handeln eine zentrale Rolle. Sie ermöglichen es uns, Prioritäten zu setzen und uns auf das Wesentliche zu fokussieren. Unter dem Druck des Tagesgeschäfts gelingt es jedoch nicht immer, verschiedene Ziele intelligent miteinander zu verknüpfen und quasi zwei Fliegen mit einer Klappe zu schlagen. Durch das Skizzieren unserer Ziele können wir es uns erleichtern, Ziele zu kombinieren und so Zielsynergien zu entdecken. Wir verstehen mehr über das, was wir wirklich wollen, und über das, was wir effektiv tun, wenn wir mit unseren Zielen arbeiten und Sie durch eine Skizze miteinander in Beziehung setzen. Die Synergieskizzen-Methode dient somit der Analyse und Verbesserung des eigenen Ziel-Portfolios durch das Aufmalen von Zielprioritäten, -fälligkeiten, -aufwänden und -abhängigkeiten. Sie

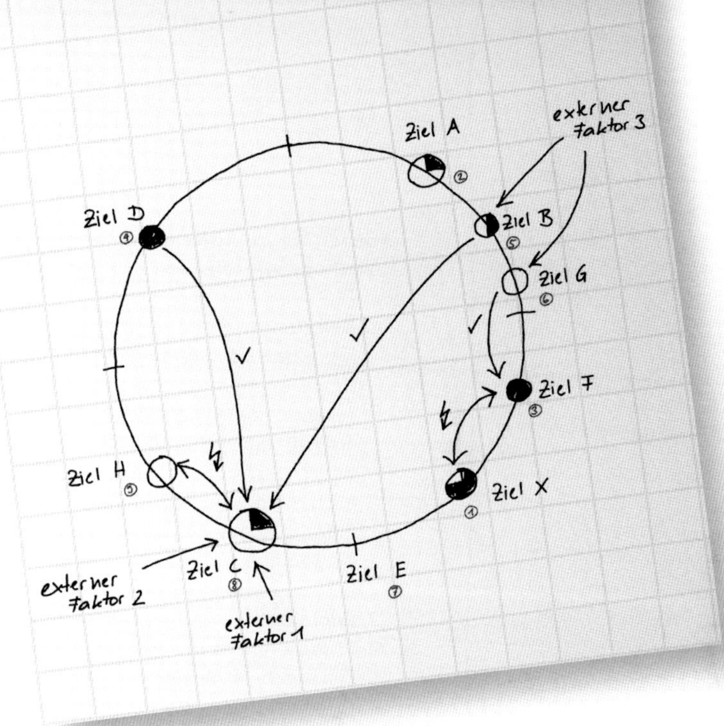

Abbildung 7: *Das Grund-gerüst der Synergieskizzen-Methode*

kann zur Klärung von Zielen und möglichen Synergien sowohl von Einzelpersonen wie auch in Gruppen oder Organisationen verwendet werden. Die Synergie-skizze ist eine Skizziervorlage, die ca. eine Stunde in Anspruch nimmt. Als Resultat ihrer Anwendung liegt eine systematische Dokumentation und Analyse der eigenen kurz-, mittel-, und langfristigen persönlichen Ziele vor. Mit der Synergieskizze können Ziele, deren Sequenz und Aufwand sowie deren Abhängigkeiten skizziert werden und so auch neue Verbindungen (Zielsynergien oder -konflikte) entdeckt werden.

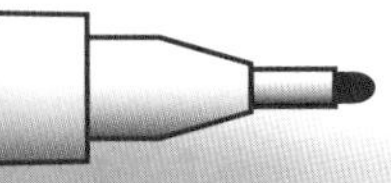

Gehen Sie zur Anwendung der Synergieskizzen-Methode wie folgt vor:

1. Zielliste
Schreiben Sie spontan Ihre aus momentaner Sicht sieben bis zehn wichtigsten (v.a. arbeitsbezogenen) Ziele stichwortartig auf ein Blatt Papier auf (z.B. ein wichtiges Projekt beschließen, einen Bericht fertigstellen, etc.). Fügen Sie dieser Liste auch mindestens ein privates, persönliches Ziel hinzu (z.B. mehr Sport treiben oder mehr Zeit für die Familie).

2. Prioritäten
Priorisieren Sie in einem zweiten Schritt jedes Ziel durch das Anfügen der entsprechenden Zahl (1. = wichtigstes Ziel etc.). Bewerten Sie dabei das Ziel, dessen Nichterreichen die negativsten Konsequenzen für Sie persönlich hätte als Nr. 1, das zweitgravierendste (in Bezug auf die Konsequenzen eines Scheiterns) als Nr. 2 etc.

3. Chronologie
Zeichnen Sie nun auf einem neuen Blatt Papier einen großen Kreis und teilen Sie diesen mit vier kleinen Strichen in vier Teile ein. Tragen Sie jedes Ziel auf den Zeitkreis auf (wie in den Beispielabbildungen entsprechend der Laufzeit jedes Zieles). Kurzfristige Ziele tragen Sie in den obersten rechten Quadranten ein (d.h. Ziele, welche in den nächsten drei Monaten zur Vollendung gelangen sollen), mittelfristige Ziele (vier bis zwölf Monate Laufzeit) in den unteren rechten Sektor und langfristige Ziele, welche mehr als ein Jahr bis zu ihrer Erreichung benötigen, in den unteren linken Sektor. Ziele, die Sie kontinuierlich erreichen möchten, tragen Sie im letzten Kreissegment ein (z.B. Work-Life-Balance, wenig Überstunden, gutes Betriebsklima, Sport treiben, etc.). Je mehr Aufwand ein Ziel zu seiner Erreichung benötigt, desto größer zeichnen Sie den Kreis für das entsprechende Ziel auf dem Kreissektor. Jedes Ziel wird also durch einen kleinen Kreis auf dem großen Kreis platziert. Neben den kleinen Kreis schreiben Sie die Prioritätennummer des Ziels sowie ein Stichwort zu seiner Identifikation.

4. Ziel-Portfolio-Analyse
Analysieren Sie nun die resultierende Skizze bzw. Ihr eigenes Ziel-Portfolio: Ist es ausgeglichen oder sind Sie zu kurzfristig (oder langfristig) orientiert? Falls Sie auf Ihrer Synergieskizze viele kurzfristige oder permanente Ziele im rechten

und linken oberen Bereich eingetragen haben, aber nur wenige langfristige Ziele im linken unteren, dann überlegen Sie sich, welche Meilensteine Sie nächstes Jahr weiterbringen können, und ergänzen Sie Ihre Synergieskizze entsprechend durch den Eintrag von ein bis zwei langfristigen Zielen. Was wären Ziele, die Sie (in Ihrer Karriere, in Ihren Kompetenzen, in Ihrem Profil) einen großen Schritt weiterbringen würden? Falls Sie viele langfristige Ziele im linken unteren Teil eingetragen haben, jedoch nur wenige kurz- oder mittelfristige Ziele, dann überlegen Sie sich, wie Sie diese visionären Ziele in konkrete kurzfristigere Teilziele herunter brechen könnten. Gibt es konkrete Zwischenschritte, die Sie diesen großen Zielen näher bringen? Denken Sie dabei an die folgend Merkformel für gute Ziele, welche s.m.a.r.t sein sollten, nämlich: spezifisch, messbar, ambitiös, realistisch und terminiert.

5. Zielsynergien

Suchen Sie nun nach Möglichkeiten, wie Sie Ihre Ziele miteinander verbinden können, d.h. wie ein Ziel dem anderen helfen kann oder wie Sie durch eine zusätzliche Aktivität gleichzeitig zwei Ihrer Ziele vorwärts bringen können. Zeichnen Sie dazu Pfeile (z.B. von niedrig priorisierten Zielen zu hochpriorisierten Zielen) zwischen jeweils zwei Zielen. Schreiben Sie auf jeden Pfeil eine konkrete Maßnahme, wie Sie das eine Ziel für das andere nutzbar machen können. Gibt es eine Möglichkeit, wie Ihnen das eine Ziel, wenn Sie es ein wenig anders angehen, für ein weiteres, vielleicht späteres Ziel, helfen kann? Der Pfeilkopf zeigt dabei jeweils vom Ziel, das Sie für ein anderes nutzen, zu dem unterstützten Ziel.

6. Zielkonflikte

In einem weiteren Schritt identifizieren Sie nun mögliche Zielkonflikte, d.h. wie ein Ziel das Erreichen eines anderen behindert. Verwenden Sie dazu Pfeile mit einem Doppelkopf (⟷). Mögliche Zielkonflikte wären beispielsweise die Reduktion Ihrer Mitarbeiter als ein Ziel bei gleichzeitiger Erhöhung Ihrer Leistungen als weiteres Ziel oder ein Ziel, das Ihre Anwesenheit an einem Ort erfordert sowie ein anderes Ziel, bei dem Sie ständig an einem anderen Ort präsent sein müssen. Sie können auch gravierende Zeitprobleme als Zielkonflikte eintragen, d.h. wenn Ihnen ein Ziel besonders viel Zeit für das Erreichen eines anderen Zieles wegnimmt.

7. Prioritäten anpassen

Falls Sie ein Ziel identifiziert haben, welches einige Synergien mit anderen Zielen ermöglicht, überlegen Sie nun, ob Sie dieses Ziel höher priorisieren wollen als bisher. Analog dazu können Sie auch ein Ziel, das mit vielen anderen im Konflikt steht, in der Priorität nach unten setzen.

8. Äußere Einflüsse

Tragen Sie nun externe Faktoren ein, welche die Zielerreichung erleichtern oder erschweren, und tragen Sie diese außerhalb des Kreises mit einem Pfeil auf das entsprechende Ziel ein.

9. Oberziel/Vision

Welches Oberziel lässt sich für diese Ziele formulieren? Tragen Sie dieses in die Mitte der Zielscheibe ein. Überprüfen Sie sodann, welche der Ziele auf dem Kreis Sie in dieser Vision unterstützen und welche nicht. Machen Sie ein kleines Häkchen neben jedes Ziel, welches Sie direkt in der Erreichung Ihrer Vision unterstützt. Beurteilen Sie nun wiederum das Gesamtbild: Sind Ihre gesetzten Ziele im Einklang mit Ihrer Vision oder ist das, was Sie in den nächsten Wochen und Monaten tun, etwas anderes als das, was Sie wirklich möchten?

Nutzen Sie diese Skizze, um Ihre persönlichen oder Gruppen-Ziele auf Vereinbarkeit zu testen und mit anderen zu diskutieren. Sie eignet sich ebenfalls als Coaching-Instrument für Gruppen und Einzelpersonen. Das Beispiel in der Abbildung 8 zeigt die Verwendung der Synergieskizze innerhalb einer Abteilung für die Jahresplanung. Dazu ersetzt man einzig die kurz-, mittel-, langfristigen und permanenten Ziele durch die jeweiligen Quartalsziele des Jahres.

Derartige Synergieskizzen können mit einem einfachen Blatt Papier und einer Reihe von Farbstiften (mindestens zwei Farben für Zielsynergien und Konflikte) gezeichnet werden. Alternativ können Sie mit elektronischen Mappingprogrammen oder auch Zeichnungs- oder Präsentationsprogrammen erstellt werden. Ein Mappingprogramm, welches interaktive Synergieskizzen-Vorlagen in Deutsch und Englisch sowie entsprechende Beispiele enthält, ist lets-focus.com.

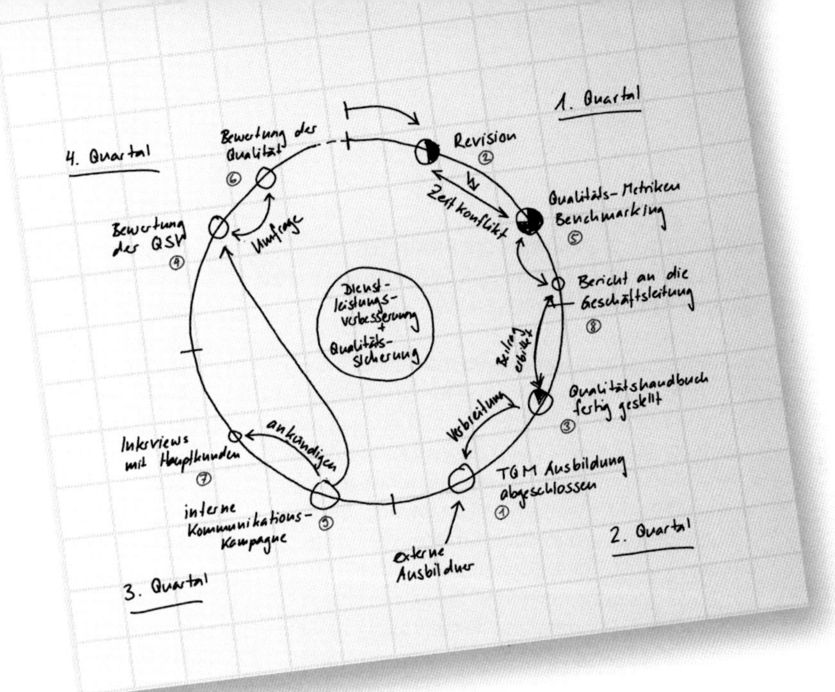

Abbildung 8: Beispiel einer komplettierten Synergieskizze in einer Abteilungssitzung

Eine Warnung zu dieser Skizziermethode zum Schluss: Ziele zu skizzieren ist nicht das Gleiche wie Ziele zu erreichen. Das Notieren und Verknüpfen unserer Ziele führt noch nicht unbedingt zu deren Erreichung. Es ist daher wichtig, die Synergieskizze periodisch zu überprüfen und zu kontrollieren, ob man das Vorgenommene auch wirklich in die Tat umgesetzt hat.

KREATIVITÄT, WENN MAN SIE BRAUCHT - DIE ERFOLGSPFAD-METHODE FÜR INDIVIDUELLE UND GRUPPENBASIERTE IDEENENTWICKLUNG

Menschen in Organisationen haben meist nicht den Luxus, auf die geniale Idee für ein anstehendes Problem warten zu können oder einfach auf den passenden Einfall beim Joggen, Kaffee trinken oder Autofahren zu vertrauen. Sie benötigen gute Ideen auf Abruf – während einer Sitzung, bei der Arbeit im Projektteam oder auf dem Weg zum Kunden. Viele Organisationen verwenden dazu die Methode des Brainstormings: Sie setzen sich in der Gruppe zusammen und nennen zügig so viele Ideen wie möglich, ohne diese zu kommentieren oder zu bewerten. Unsere Forschung zeigt, dass diese Form von Brainstorming die zurzeit bekannteste und am meisten genutzte Kreativitätstechnik im Management ist. Sie ist jedoch leider auch eine der schlechtesten Ideengenerierungsmethoden, wie zahlreiche Studien eindrücklich belegen (z.B. Connolly et al. oder Paulus & Nijstad). Warum ist Brainstorming keine geeignete Kreativitätsmethode und was sind kreative Mechanismen, die am Arbeitsplatz funktionieren? Wie kann man diese Mechanismen einfach und systematisch einsetzen?

Mit dem Werkzeugkasten zur Erfolgspfad-Methode (in englischer Sprache „Paths to Success", oder abgekürzt P2S) wollen wir diesen Fragen nachgehen.

Die Methode der Erfolgspfade ist eine einfache und systematische Kreativitätstechnik für Gruppen und Einzelpersonen. Sie nutzt die Vorteile von Visualisierung durch Skizzen und verbindet diese mit bewährten Prinzipien aus der Kreativitätsforschung wie etwa Analogien, alternativen Annahmen oder Neukombinationen.

Der Grundgedanke hinter der Methode ist dabei, dass wir unsere Kreativität steigern können, wenn wir immer wieder neue Impulse oder Blickwinkel zu einer Problemstellung oder einer Zielsetzung bekommen und darauf mit eigenen Ideen reagieren können (P2S steht denn auch für Productivity through Systematic Stimuli). In der Gruppenanwendung beruht die Methode zudem auf dem sogenannten Nominal-Gruppen-Ansatz; das bedeutet, dass Ideen immer zuerst für sich entwickelt werden, bevor Sie dann in der Gruppe besprochen und kombiniert werden. Viele wissenschaftliche Studien (für eine Übersicht vgl. Schulz-Hardt & Brodbeck) weisen nämlich nach, dass dieses Vorgehen zu besseren Ideen führt als beispielsweise ein Gruppenbrainstorming, bei dem man sich oft bei der Ideenentwicklung gegenseitig stört oder zu stark einschränkt respektive vorschnell beeinflusst. Ein weiterer Nachteil von klassischem Brainstorming besteht darin, dass die entwickelten Ideen oft nicht umsetzbar sind, da die Vorgaben zu offen formuliert werden und Restriktionen beziehungsweise Sachzwänge unberücksichtigt bleiben.

Im Gegensatz zu Brainstorming wird bei der Erfolgspfad-Methode eine Plenarphase immer durch eine Individualphase abgelöst. Auch werden die entwickelten Ideen grafisch zueinander in Beziehung gesetzt und miteinander kombiniert. Die Methode ist zudem so konzipiert, dass Sie leicht erweitert, reduziert oder für spezifische Kontexte (wie etwa die internetbasierte Ideengenerierung) angepasst werden kann.

Der Zeitbedarf für den Einsatz der Methode reicht dabei von ungefähr 15 Minuten für die reduzierte Schnellversion bis zu mehreren Stunden (je nach Diskussionsbedarf). Ein typisches Einsatzszenario für die Methode ist ein Halbtagesworkshop, bei dem ein Moderator die individuellen Ideen (die jeder Teilnehmer auf einem eigenen DIN-A3-Blatt visualisiert) nach jedem Schritt an einem Beamer oder an einer Pinwand zusammenführt und besprechen lässt.

Die Methode hat sich als leistungsfähig erwiesen und bietet vor allem für die folgenden betrieblichen Anwendungskontexte ein gutes Vorgehen:

- Strategieentwicklung
- Geschäftsmodellinnovation
- Problemlösung in Projekt-, Management-, (Produkt-/Dienstleistungs-) Entwicklungs-, oder Krisenteams
- Qualitätsdiskussionen
- Konfliktlösungsverfahren
- Produktivitätssteigerungsinitiativen

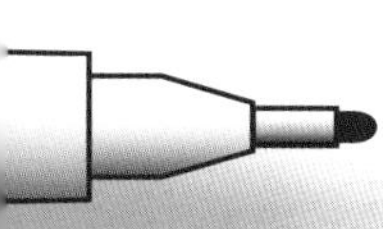

Die Erfolgspfad-Methode basiert, wie der Name andeutet, auf der Metapher des Problemlösens als Reiseweg. Indem eine Reihe von ganz unterschiedlichen Pfaden vom Ist zum Soll gezeichnet werden, sollen neue Lösungsideen schrittweise entstehen.

Die visuelle Anordnung der Ideen entlang dieser Pfade soll es zudem ermöglichen, konzentriert und doch spielerisch neue Möglichkeiten zu entwerfen und diese miteinander zu verbinden.

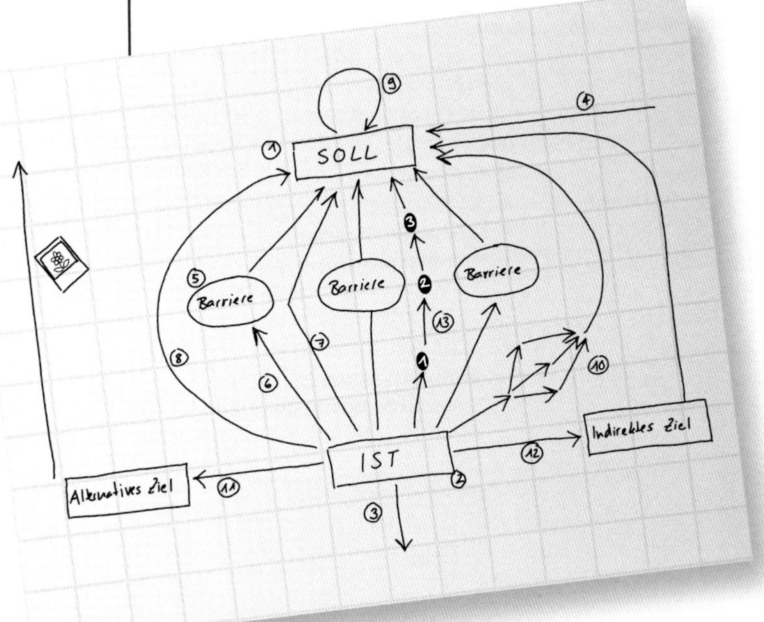

Abbildung 9: Die Schritte und Dokumentationsform der Erfolgspfad-Kreativitätsmethode

Nachfolgend finden Sie die Hauptschritte der Methode kompakt zusammengefasst. Jeder Schritt sollte dabei bei der Umsetzung in einer Gruppe nicht viel länger als fünf Minuten dauern (mit Ausnahme des allerletzten Schrittes, welcher in der Regel mindestens zehn Minuten erfordert). Diese Kürze und Intensität der Schritte ist wichtig, um die Motivation und Energie der Teilnehmer aufrecht zu erhalten. So kann auch noch nach 40 Minuten Ideengenerierung Überraschendes, Innovatives und Originelles entstehen. Jeder Schritt wird zudem visualisiert (vgl. Abbildung 9), und zwar jeweils von jedem Teilnehmenden selbst wie auch (daran anschließend) im Plenum.

Als Infrastruktur benötigen Sie in der Einzelpersonenvariante ein DIN-A3-Blatt, einen Stift sowie einen Marker. Im Gruppeneinsatz benötigen Sie darüber hinaus einen Projektor oder Beamer (sowie eine einfache Visualisierungssoftware) oder alternativ eine Pinwand, um das gemeinsame Bild für alle sichtbar zu entwickeln und so die ausgetauschten Ideen zu dokumentieren.

Die Methode funktioniert am besten mit ungefähr drei bis sechs Teilnehmern, kann aber auch gut in Gruppen bis zu 15 Personen angewandt werden. In größeren Gruppen muss die Diskussionszeit entsprechend reduziert werden und jeder Teilnehmer präsentiert jeweils nur seine beste Idee pro Schritt im Plenum.

1. Ist

Schreiben Sie Ihre momentane (sub-optimale) Ist-Situation, d.h. Ihre Ausgangslage, in ein Kästchen unterhalb der Mitte eines leeren DIN-A3-Blattes. Wird die Methode in der Gruppe angewandt, sollten Sie sich auf eine maximal sechs Zeilen lange Beschreibung des Status-quo einigen.

2. Soll

Tragen Sie nun die Soll-Situation (das Ziel) als Kästchen am oberen Rand des Blattes ein (lassen Sie jedoch etwas Platz zwischen dem Kästchen und dem oberen Rand). Für die Gruppenanwendung sollten sich die Teilnehmer auf maximal fünf Kriterien einigen, die eine Lösung erfüllen soll. Alternativ kann auch ein Wunschszenario formuliert werden (z.B. in Form eines Satzes „Wir sind in der Lage...").

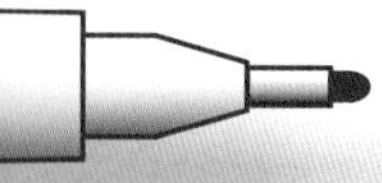

3. Flip Flop

Jeder Teilnehmer zeichnet nun einen Pfeil vom Ist-Kästchen nach unten und fragt sich: Wie kann die Ausgangssituation weiter verschlimmert werden? Notieren Sie also spontan Ideen neben dem Pfeil (zuerst alleine, dann im Gruppengespräch), wie Sie den Status-quo weiter verschlechtern können. Unterstreichen Sie zum Schluss dieses Schrittes alle Verschlechterungsmaßnahmen, die Sie oder Ihre Organisation zur Zeit sogar praktizieren (und entsprechend verändern oder unterlassen sollten). Nachdem die wichtigsten Ideen im Plenum vorgestellt wurden, streichen Sie auf Ihrem Blatt die für Sie beste Idee aus diesem Schritt mit dem Marker an.

4. Analogien

Zeichnen Sie nun einen Pfeil von rechts außen zum Ziel: Schreiben Sie darüber Ideen, was Sie von anderen Gebieten (wie z.B. der Natur, dem Sport oder der Wissenschaft) für die Zielerreichung lernen können. In welchen anderen Gebieten wurde dieses Ziel schon erreicht und wie? Wie würde z.B. Google Ihr Problem lösen? Was können Sie für Ihr Ziel von Roger Federer lernen? Was kann man sich aus der Pflanzenwelt abschauen und auf Ihr Problem übertragen? Überlegen Sie sich mindestens drei derartige Analogien und teilen Sie diese anschließend im Plenum. Streichen Sie auch hier wieder die beste Idee gelb an.

5. Hindernisse

Zeichnen Sie drei kleine Kreise zwischen Status-quo und Ziel. Auf der Rückseite des DIN-A3-Blattes schreiben Sie nun Kandidaten für die drei Hauptbarrieren für die Zielerreichung auf. Danach diskutieren Sie im Plenum, welche drei Barrieren gemäß Konsens in der Gruppe die wichtigsten sind. Platzieren Sie diese als Hauptbarrieren der Zielerreichung in den drei Kreisen.

6. Lösungen

Zeichnen Sie nun drei Pfeile vom Status-quo zu drei Barrieren und dann weiter zum Ziel. Welche Schritte können die Barrieren reduzieren? Schreiben Sie entsprechende Ideen (wiederum zunächst für sich und dann im Plenum) neben die Pfeile.

7. Hindernisse umgehen

Zeichnen Sie nun einen Pfeil, der um die Barrieren herumgeht, und fragen Sie sich, wie die drei Hindernisse gänzlich umgangen werden oder irrelevant gemacht werden können. Gelingt dies nicht, versuchen Sie mindestens eine der Barrieren zu umgehen:

Was müsste gegeben sein, damit diese Barriere für Sie nicht mehr relevant ist? Notieren Sie entsprechende Ideen neben dem Pfeil und tauschen Sie sich über diese sodann in der Gruppe aus. Der Moderator notiert auch hier wieder die Hauptideen gut sichtbar auf der gemeinsamen Erfolgspfade-Abbildung.

8. Annahmen verändern

Zeichnen Sie jetzt einen weiteren Pfeil weit um die Barrieren herum zum Ziel und stellen Sie sich folgende Frage: Wie würde man das Problem lösen, wenn Zeit oder Geld keine Rolle spielten? Notieren Sie entsprechende Luxuslösungen neben dem Pfeil und tauschen Sie sich dann im Plenum darüber aus. Auch hier markieren Sie die beste Idee gelb. Wahlweise können Sie auch weitere Annahmen bewusst aufheben, z.B. Kunden würden für unser Produkt nicht mehr bezahlen, oder wir müssen schnell liefern können.

9. Zielerlebnis

Zeichnen Sie nun einen Loopingpfeil oberhalb des Ziels (der also vom Ziel weg geht und dann wieder in einem Halbkreis zu ihm zurück führt). Um diesen Pfeil mit Stichwörtern zu füllen, überlegen Sie sich Folgendes: Wie fühlt es sich an, wenn das Ziel erreicht wurde? Woran erkennt man, dass es erreicht wurde? Wie würden Sie Ihre Situation dann beschreiben? Tragen Sie diese Stichworte um den Pfeil herum ein und besprechen Sie diese anschließend kurz im Plenum.

10. Neukombination

Zeichnen Sie nun einen Pfeil vom Status-quo zum Ziel, der sich in seiner Mitte in drei Pfeile aufteilt, die dann wieder zusammenkommen. Für jeden der drei Teile verwenden Sie nun gelb markierte Ideen aus den vorgängigen Schritten. Überlegen Sie sich, welche drei Ideen Sie zu einem neuen Lösungsweg kombinieren könnten. Tragen Sie diese Kombinationsidee stichwortartig neben den Pfeil ein und diskutieren Sie ihn im Plenum.

11. Alternatives Ziel

Platzieren Sie nun ein Kästchen links vom Status-quo mit einem alternativen sinnvollen Ziel und platzieren Sie auf einem Pfeil dahin Wege, es zu erreichen. Diskutieren Sie sodann auch in der Gruppe alternative Ziele zu Ihrem ursprünglich formulierten Ziel aus Schritt 2. Ist das ursprünglich formulierte SOLL-Ziel das optimale oder müsste man nach jetzigem Kenntnisstand nicht ein alternatives Ziel anpeilen?

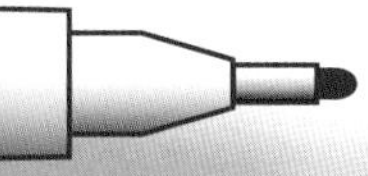

12. Indirektes Ziel

Platzieren Sie nun ein neues Kästchen rechts auf
Höhe des Status-quo-Feldes und zeichnen Sie
einen Pfeil vom Status-quo zu diesem Kästchen:
Diskutieren Sie folgende Fragen im Plenum:
Was wäre ein indirektes oder mittelfristiges Ziel,
das uns helfen könnte, das Ziel zu erreichen?
Auch diesen Schritt können Sie bei entsprechen-
der Zeitreserve zuerst individuell vorbereiten.
Schreiben Sie dieses indirekte oder mittelfristige
Ziel in das Kästchen und notieren Sie konkre-
te Maßnahmen, um es zu erreichen, auf dem
entsprechenden Pfeil. Sollten sich aus diesem
Schritt direkt kurzfristige Maßnahmen ergeben,
notieren Sie diese in einer To-Do-Liste als Teil des
Sitzungsprotokolles.

13. Dreisprung

Zeichnen Sie nun drei vertikale, aneinander
anschließende dicke Pfeile vom Status-quo zum
Ziel. Für den ersten Pfeil stellen Sie sich folgende
Frage: Was ist der erste Schritt, um sich dem
Ziel innerhalb einer Woche anzunähern? Oder
noch radikaler: Was könnten Sie innerhalb der
nächsten 48 Stunden tun, um sich Ihrem Ziel
zu nähern? Tauschen Sie sich über diese Ideen
im Plenum aus. Notieren Sie dann, welche zwei

weiteren Schritte daran anschließen müssten,
um das Ziel zu erreichen. Leiten Sie aus diesen
Schritten wenn möglich weitere Sofortmaßnah-
men für die Gruppe ab, die Sie in der To-Do-Liste
ergänzen.

14. Neue Pfeile

Erweitern Sie nun die Methode selbst und ergänzen Sie ein bis zwei weitere Pfeile. Tragen Sie
entsprechende Ideen auf den Pfeilen stichwortartig ein. Auch diesen Schritt sollten Sie wiederum zuerst individuell für sich vornehmen und
dann im Plenum präsentieren und diskutieren.
Ein Beispiel für eine derartige Methodenerwei-
terung wäre ein Pfeil vom Ziel weiter nach oben
(um die Vision hinter dem Ziel transparent zu
machen) oder ein Pfeil vom Ziel zum Status-quo,
um quasi im Reverse Engineering Modus Ideen
vom Idealzustand her abzuleiten.

15. Prioritäten

Streichen Sie nun nochmals die fünf besten
Ideen auf Ihrem Blatt und auf dem gemeinsamen
Resultateposter mit einem Leuchtstift an. Disku-
tieren Sie, welche dieser Ideen unbedingt weiter
verfolgt werden sollten und wie.
In Abbildung 10 finden Sie ein Beispiel einer

komplettierten Erfolgspfade-Anwendung. Das Bild zeigt die Ideen eines 45-minütigen Workshops zur Fragestellung, wie man die eigene Arbeitsproduktivität steigern kann.

Ein Fallstrick der Erfolgspfade-Methode besteht aus deren Passung an den jeweiligen Anwendungskontext. Die fünfzehn Schritte der Erfolgspfad-Methode müssen nicht zwingend in dieser Reihenfolge durchschritten werden, auch wenn Sie sich in dieser Abfolge bewährt haben. Der Flip-Flop-Schritt zu Beginn ist beispielsweise eine sehr gute Aufwärmübung. Es ist auch nicht notwendig, bei jeder Durchführung eines Kreativitätsworkshops alle fünfzehn Schritte zu verwenden.

Unsere Erfahrung aus rund 20 mit dieser Methode durchgeführten Workshops zeigt, dass die ersten sieben Schritte den wesentlichen Teil der Methode ausmachen und nicht weiter verkürzt werden sollten. Gerade in Kombination mit den Schritten 12 und 15 kann man so eine Kurzversion der Methode nutzen, die wesentlich weniger Zeit in Anspruch nimmt.

Je nach Gruppenzusammensetzung, Gruppendynamik, verfügbarer Zeit und Problemstellung können situativ einzelne Schritte hinzugenommen oder weggelassen werden. So kann z.B. Schritt 11 (mögliche alternative Ziele bedenken) für manche Teams den Zielhorizont zu stark ausweiten und wird deshalb manchmal übersprungen. Auch Schritt 14, also das Erfinden neuer Pfeile, funktioniert nur dann gut, wenn eine Gruppe Freude an unkonventionellen Vorgehen hat.

Ein Moderator muss zur optimalen Nutzung der Methode also genau beobachten, wie die Teilnehmer reagieren und was Sie mehr oder weniger anspricht und inspiriert. Je nachdem kann er einen Schritt verkürzen, überspringen oder auch spontan einen neuen Schritt ergänzen.

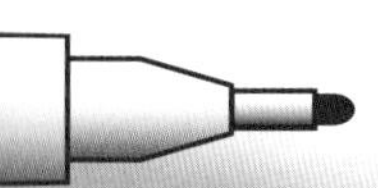

Ein möglicher zusätzlicher Schritt für Gruppen, die gerne noch radikaler denken, besteht z.B. aus einem Pfeil auf der Seite mit einem starken Bild, das der Gruppe als Stimulus kurz gezeigt wird und weitere Ideen auslösen soll. Bei diesem unkonventionellen, projektiven

Schritt empfiehlt es sich, eine Fotografie zu zeigen, die nicht in direktem Zusammenhang mit der Themenstellung steht und so eine schöpferische Spannung aufbaut. Die Teilnehmenden werden dann gebeten, dieses Bild in einen Zusammenhang mit dem zu lösenden Problem zu stellen und daraus neue Ideen abzuleiten.

Bei derartigen phantasievollen Schritten ist jedoch, wie erwähnt, besonders darauf zu achten, wie offen die Gruppe für spekulative Schritte ist. Es empfiehlt sich generell mit den eher analytischen Schritten zu beginnen und die eher experimentellen Pfade (wie etwa auch Schritt 9) erst dann einzusetzen, wenn die Gruppe sich bereits voll auf die Methode eingelassen hat.

Abbildung 10:
Beispielresultat eines Kreativitätsworkshops mithilfe der Erfolgspfadmethode zum Thema Produktivität.

Ein weiterer wichtiger Erfolgsfaktor zur Anwendung der Methode (neben der richtigen Dosierung der Schritte) ist das Erwartungsmanagement zu Beginn. Die Methode garantiert nicht für jede Situation einen Durchbruch und ihr Gelingen hängt im wesentlichen vom Einsatz und der Energie der Teilnehmer ab. Das sollte zu Beginn eines Kreativitätsworkshop klar gestellt werden, so dass sich alle Teilnehmer ihrer Verantwortung für das Endergebnis bewusst sind.

Es ist schade, dass nach wie vor viele Manager meinen, mit Brainstorming dem eigenen Team einen Gefallen zu tun. Brainstorming ist jedoch für die meisten Situationen, in denen neue, originelle und umsetzbare Ideen gefordert sind, nicht der richtige Weg. Besser scheint es, mehrere Wege zum Ziel auszuprobieren und eine Methode mit hoher Denkvielfalt anzuwenden. Eine mögliche Methode mit einer großen Vielzahl an Denkrichtungen ist die Erfolgspfad-Methode. Durch ihren lebendigen visuellen Ansatz, den abwechslungsreichen Rhythmuswechsel und durch die Basierung auf etablierten Prinzipien der Gruppenkreativität ermöglicht sie es Gruppen, quasi auf Abruf kreativ zu sein und in kurzer Zeit eine große Anzahl von passenden Ideen zu entwickeln. Dazu muss die Methode jedoch an den jeweiligen Gruppenkontext angepasst werden.

7.

BEISPIELE
EINE GALERIE VON SKIZZEN FÜR DEN GESCHÄFTSALLTAG

Auf den folgenden Seiten finden Sie Beispielskizzen aus verschiedenen Geschäfts- und Managementkontexten. Diese Beispiele sollen Ihnen bei Ihren eigenen Skizzen helfen und dienen als Inspiration für Ad-hoc-Skizzen, welche Sie in Sitzungen, Workshops, Verkaufssituationen, aber auch in Präsentationen nutzen können.

Anspruchsgruppenraster: Dieses Koordinatensystem hilft beim Vergleich und der Bewertung verschiedener Anspruchsgruppen, z.B. bei der Strategie- oder Projektarbeit, und stellt visuell deren gegenseitige Beziehungen dar.

Argumentationsskizze: Dieses interaktive Mapping-Verfahren wird verwendet, um eine entscheidende Frage zu klären (bspw. wie die Gewinnspanne erhöht werden kann), indem mögliche Lösungen mit Pro- und Contra-Argumenten beurteilt werden.

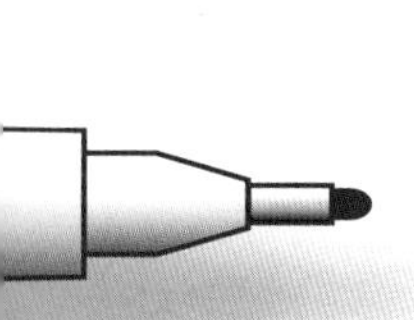

Beziehungsskizze: *Welche Güter oder Leistungen zwischen drei regionalen Geschäftseinheiten ausgetauscht werden, wird durch diese Skizze festgehalten. Sie dient der Klärung der Beziehungen und gegenseitigen Verpflichtungen.*

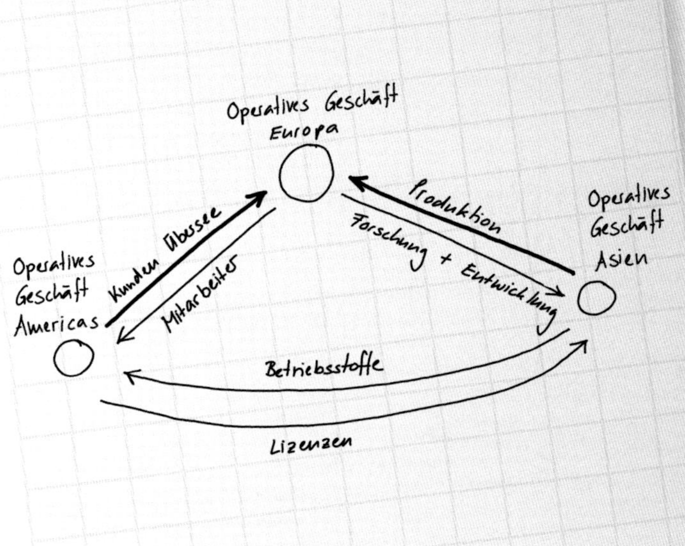

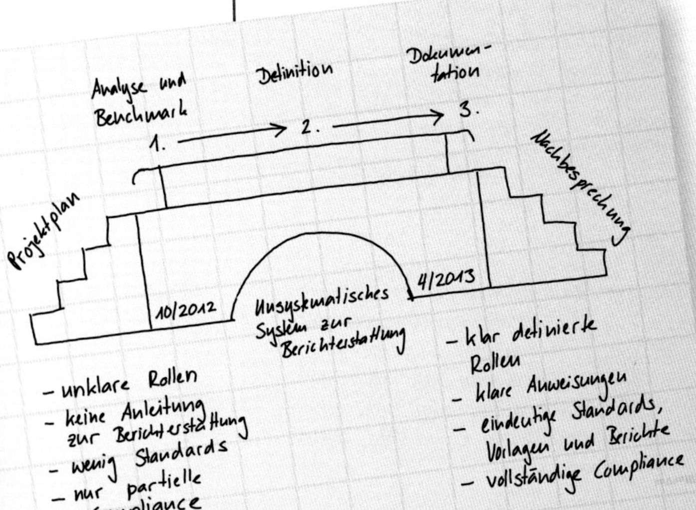

Brücke: *Diese visuelle Metapher erfasst den Status quo, den zu überwindenden Graben und das gewünschte Ergebnis eines Projektes. Sie zeigt die nötigen Schritte und die notwendige Infrastruktur.*

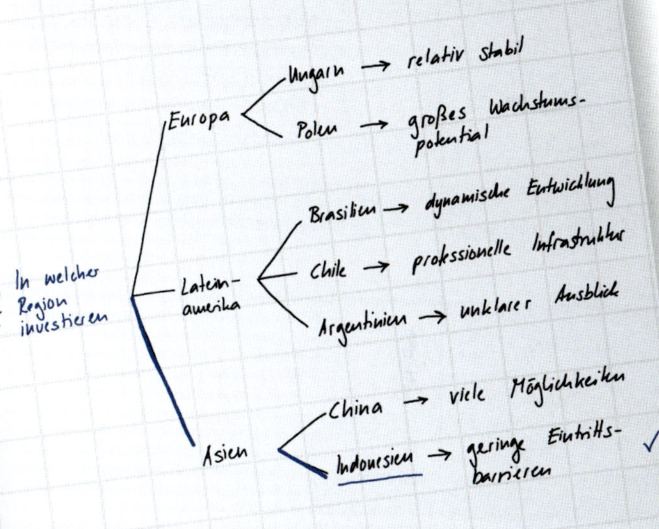

Entscheidungsbaum: *Dieses Diagramm veranschaulicht verschiedene Anlagemöglichkeiten und zeigt deren individuelle Vorteile.*

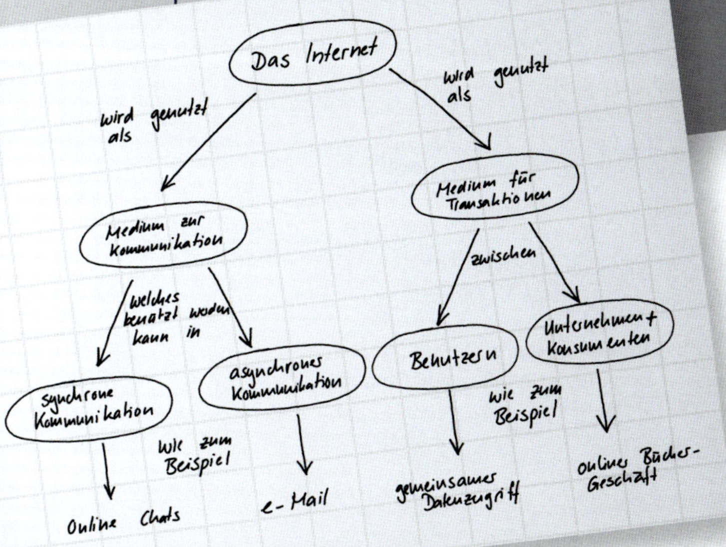

Konzeptkarte: *Dieses Diagramm zeigt verschiedene Nutzungsarten des Internets auf.*

Netzwerkskizze: *Diese Skizze stellt das Ertragsmodell eines Internetportals bildlich dar und hilft dabei, Hebel für Veränderungen zu identifizieren.*

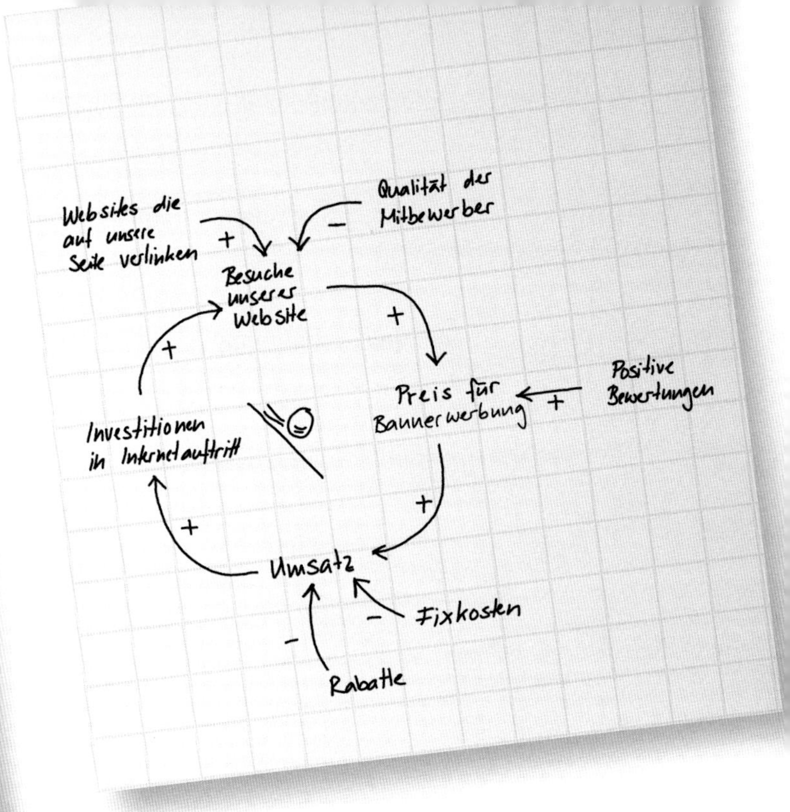

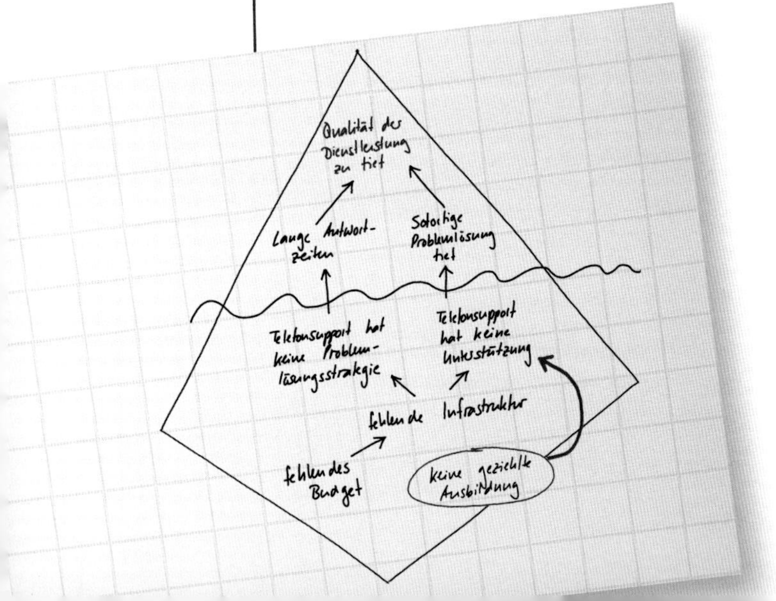

Problemeisberg: *Diese Metapher hilft bei der Analyse von Qualitäts-problemen.*

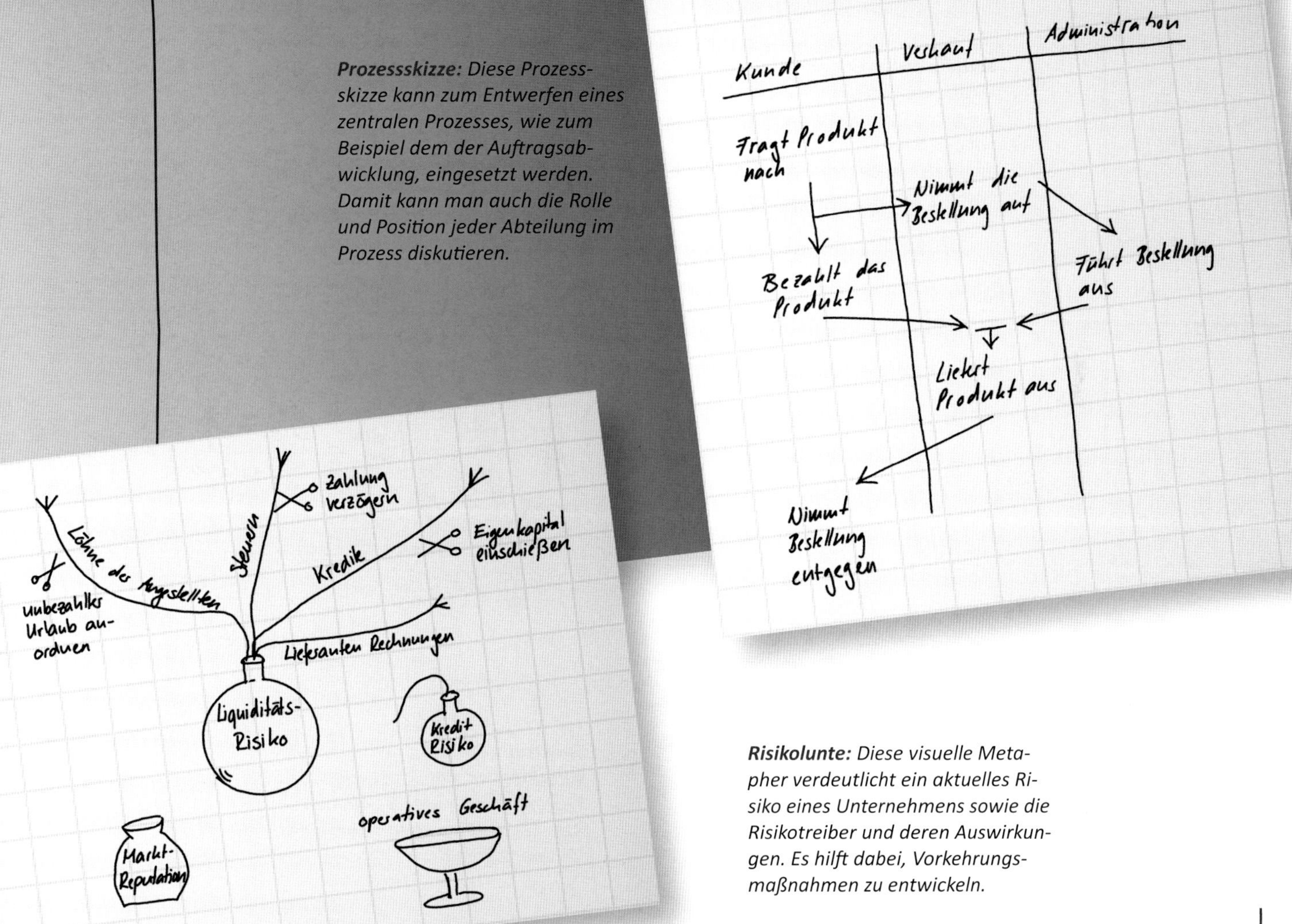

Prozessskizze: Diese Prozessskizze kann zum Entwerfen eines zentralen Prozesses, wie zum Beispiel dem der Auftragsabwicklung, eingesetzt werden. Damit kann man auch die Rolle und Position jeder Abteilung im Prozess diskutieren.

Risikolunte: Diese visuelle Metapher verdeutlicht ein aktuelles Risiko eines Unternehmens sowie die Risikotreiber und deren Auswirkungen. Es hilft dabei, Vorkehrungsmaßnahmen zu entwickeln.

Soziales Netzwerk: *Dieses Soziale Netzwerk erfasst die wichtigsten Menschen, die einen Einfluss auf den Entscheider (den CIO) ausüben, um dessen Informationsbasis besser zu verstehen.*

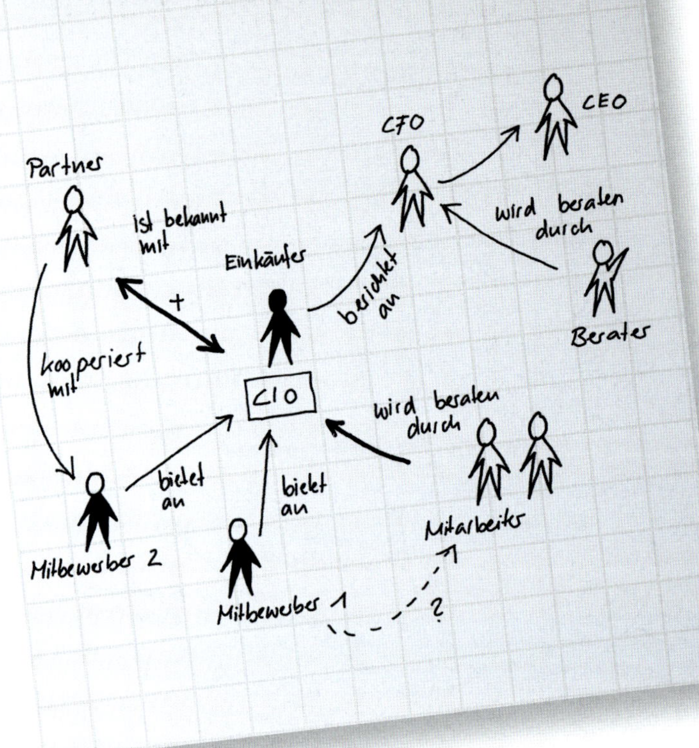

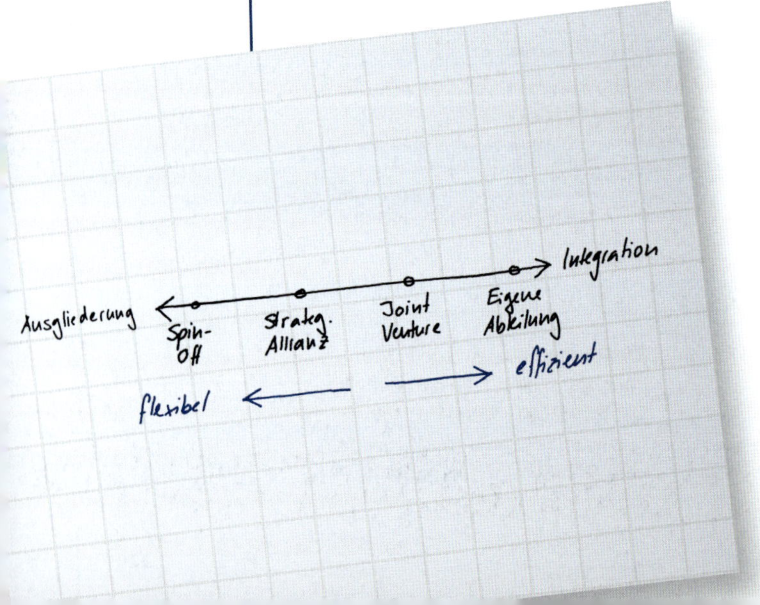

Spektrum: *Diese Achsenskizze zeigt verschiedene mögliche Organisationsformen für eine E-Commerce-Abteilung auf und hilft so bei einer Reorganisation.*

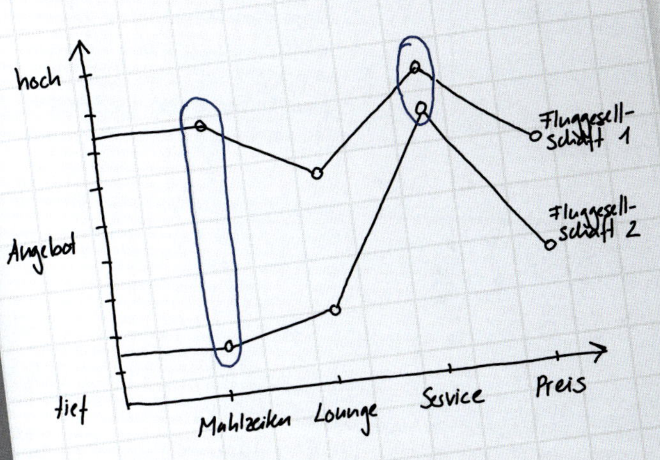

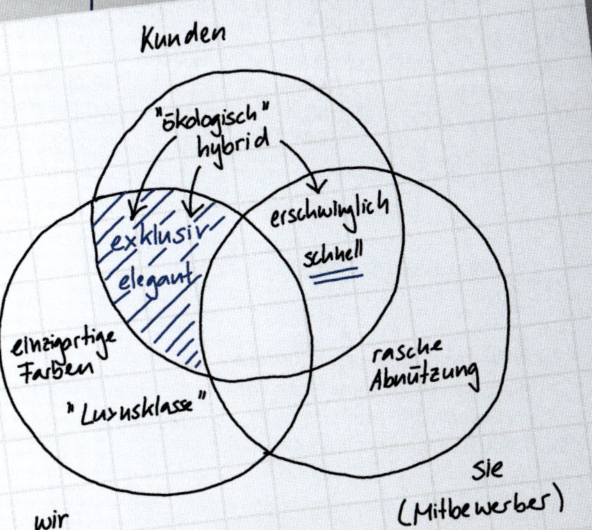

Sweet Spot: Das Venndiagramm
erfasst die wesentlichen Merkmale
der eigenen Produkte und jenen
der Mitbewerber und bezieht diese
auf aktuelle und zukünftige Bedürf-
nisse der Kunden.

SWOT: *Die SWOT-Analyse ist eine bewährte Technik, die Stärken und Schwächen der eigenen Organisation mit denen des Wettbewerbs und des Marktes vergleicht und Potenziale zum Erzielen von Wettbewerbsvorteilen aufzeigt.*

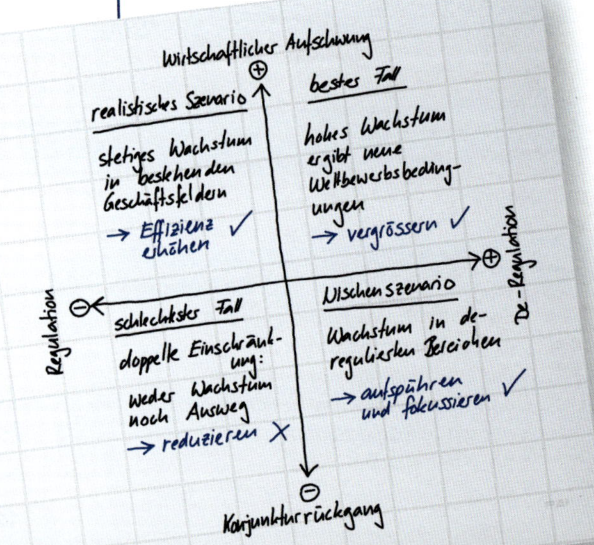

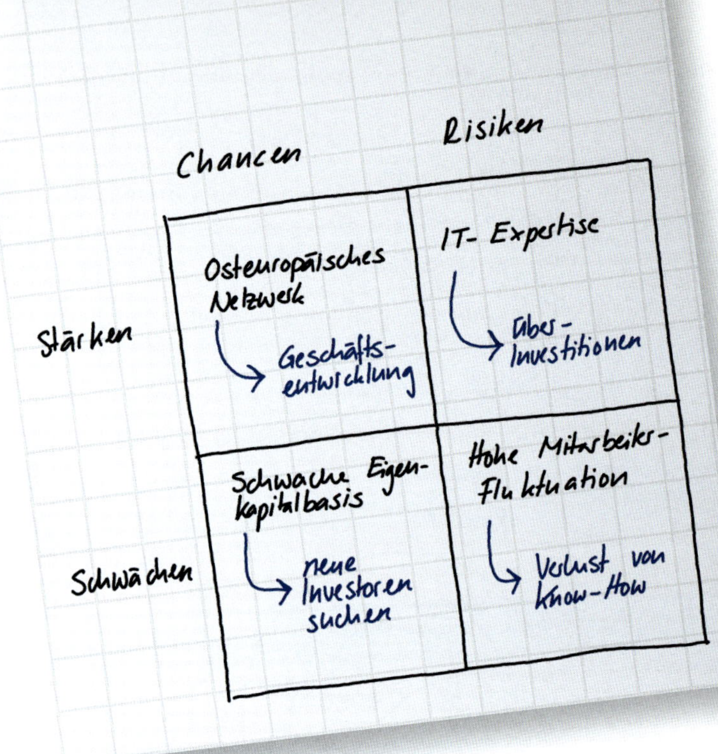

Szenariogramm: *Dieses Koordinatensystem erzeugt vier verschiedene wirtschaftliche Szenarien, um die Robustheit einer Geschäftsstrategie unter verschiedenen wirtschaftlichen und rechtlichen Rahmenbedingungen zu prüfen.*

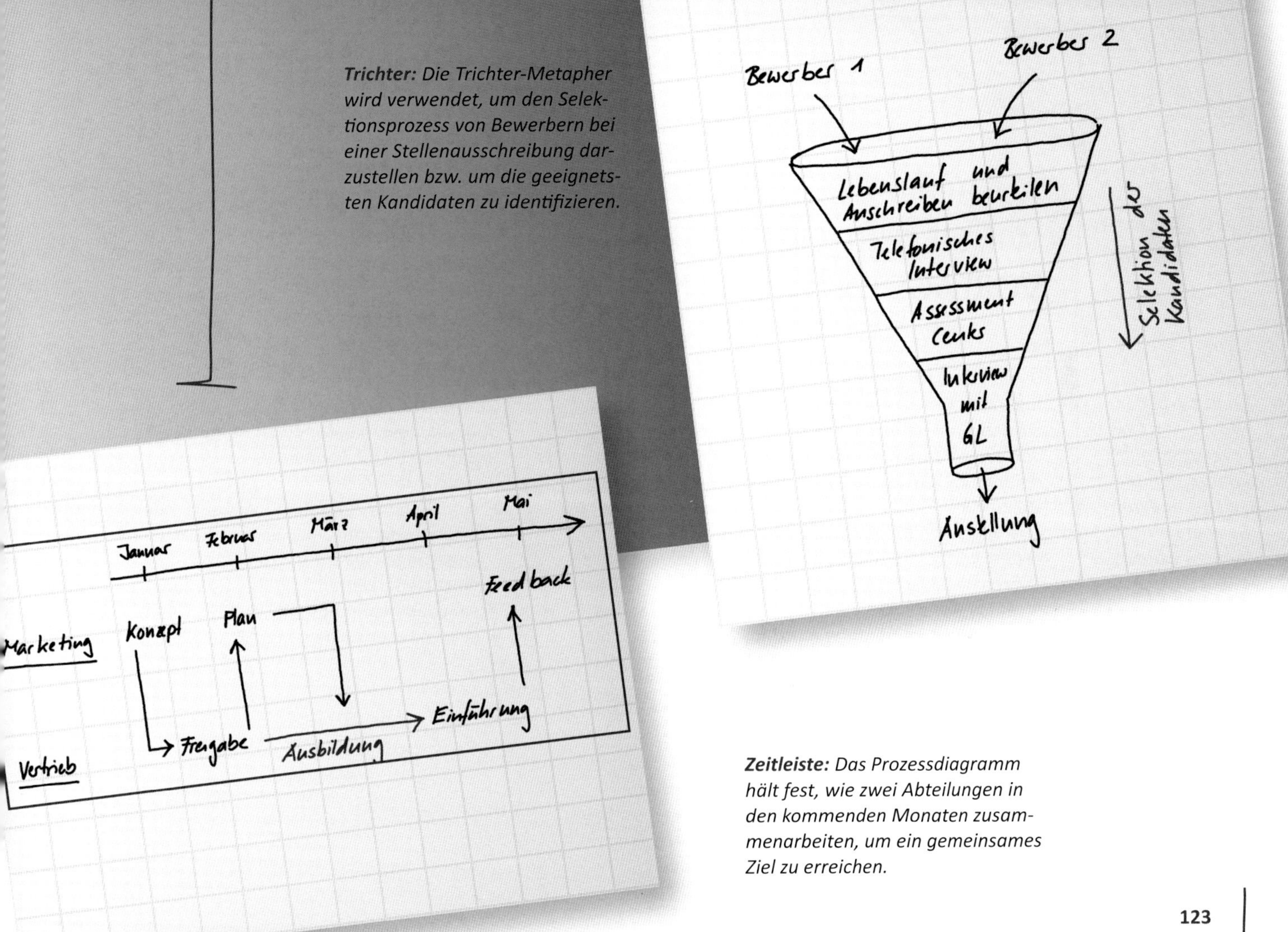

Trichter: Die Trichter-Metapher wird verwendet, um den Selektionsprozess von Bewerbern bei einer Stellenausschreibung darzustellen bzw. um die geeignetsten Kandidaten zu identifizieren.

Zeitleiste: Das Prozessdiagramm hält fest, wie zwei Abteilungen in den kommenden Monaten zusammenarbeiten, um ein gemeinsames Ziel zu erreichen.

AUSBLICK
WIE SIE IHRE EIGENE SKIZZIERVORLAGE ENTWICKELN

Die Skizziervorlagen, die wir in diesem Buch zur Verfügung stellen, sind vorgefertigte Strukturen, welche Sie dabei unterstützen, komplexe Sachverhalte in einfachen Formen zu erfassen. Sie helfen bei der Moderation zielgerichteter Diskussionen. Die Zusammenstellung kann jedoch keine allumfassende Anleitung zum Skizzieren für den Geschäftsalltag sein.
Zudem wird es wahrscheinlich so sein, dass die besten Skizzen diejenigen sind, die Sie für Ihren eigenen Anwendungszweck selbst entwickelt haben. Eine Skizze widerspiegelt immer Ihren persönlichen Stil und sollte sowohl Ihren zeichnerischen Fähigkeiten entsprechen als auch zu Ihrer Unternehmenskultur passen.

Wir empfehlen Ihnen daher, Ihre eigene Skizzenbibliothek zu erstellen. Um Sie bei diesem Entwicklungsprozess zu unterstützen, haben wir eine einfache Anleitung in sechs Schritten entwickelt. Folgen Sie bei der Entwicklung von Prototypen von Skizziervorlagen für Ihr Unternehmen einfach diesen Schritten.

1. Kontext
Denken Sie an einen wiederkehrenden Anwendungskontext, den Sie durch Ad-hoc-Skizzen optimal unterstützen können.
Beispiele dafür sind:
- eine Planungs-, Analyse-, Verkaufs- oder Kommunikationsaufgabe, die alleine oder in der Gruppe angegangen wird;
- eine wiederkehrende Problemstellung;
- ein wiederkehrendes, komplexes Thema;
- ein typischer Ablauf einer Sitzung.

2. Inhalt

Was sind die wichtigsten Kategorien oder Elemente welche eine Strukturierung dieses Kontexts und damit bessere Klarheit erlauben? Denken Sie dabei an bewährte Strukturen wie beispielsweise:

- Was, warum, wer, wo, wann, wie
- SPIN: Situation, Problem, Implikationen, Nächste Schritte
- AIDA: Aufmerksamkeit, Interesse, Dedizierte Entscheidung, Aktion

3. Format

Stellen Sie sich die Frage, wie diese Schlüsselkategorien grafisch so dargestellt werden können, dass Analyse-, Planungs-, Kommunikations- oder Vergleichsaufgaben optimal unterstützt werden. Spielen Sie dabei mit mehreren möglichen Formaten wie beispielsweise:

- Mengendiagramme (Venndiagramme)
- Prozess- oder Kreislaufskizzen
- Koordinatensysteme oder Matrizen
- Visuelle Metaphern (Tempel, Pyramiden, Brücken, Treppen, Berge, Trichter, Inseln, Vulkane usw.)
- Kuchendiagramme
- Kasten-, Blasen- oder Pfeildiagramme

4. Interaktion

Im nächsten Schritt überlegen Sie sich, wie Sie die Skizze Schritt für Schritt entwickeln können. Denken Sie dabei an ein Drehbuch für die Skizze. Mögliche Vorgehen sind beispielsweise diese:

- Geben Sie zuerst eine Übersicht und fügen Sie dann Details und Anmerkungen Ihrer Teammitglieder hinzu.
- Notieren Sie das übergeordnete Ziel und fragen Ihre Teammitglieder anschließend nach relevanten Unterzielen. Führen Sie dann ein Brainstorming durch und fragen Sie nach den benötigten Schritten für jedes Unterziel.
- Zeichnen Sie das Hauptproblem und sammeln Sie dann Fragen in Ihrem Team ein. Setzen Sie diese anschließend durch Pfeile in Beziehung.
- Sie entwickeln eine Struktur und Ihre Teammitglieder liefern ihnen die Elemente, um die Struktur zu füllen. Diskutieren Sie die Skizze im Anschluss im Team.

5. Iteration

Wie lassen sich die Punkte, die sich im Laufe der Diskussion ergeben, in die Skizze integrieren?

- Von innen nach außen, wie z.B. in der Mind-Map-Skizze
- Von außen nach innen, wie bei den meisten Matrizen
- Von links nach rechts, wie bei einer Zeitleiste
- Von oben nach unten, wie bei einer Sitzungsagenda
- Von unten nach oben, wie dies beispielsweise beim Bergweg gemacht wird.

6. Evaluation

Probieren Sie nun Ihre Skizze in einer echten Situation aus. Beginnen Sie am besten mit einer informellen Situation, bevor Sie sich in eine Sitzung mit der Geschäftsleitung wagen. Prüfen Sie die folgenden Punkte, um Ihre Skizzenvorlage nochmals zu verbessern:

- Wie haben meine Zuhörer auf meine Skizze reagiert?
- Was hat ausgesprochen gut funktioniert - und was nicht?
- Welche Elemente haben in meiner Skizze gefehlt? Welche Beiträge meiner Zuhörer konnte ich nicht in der Skizze erfassen?
- Hat die Struktur der Skizze die Diskussion optimal in Ihrem Prozess unterstützt? Falls nicht, wie müsste die Skizze angepasst werden?
- Welches Medium ist für die Skizze das richtige? Kann die Skizze auf einem einfachen Blatt Papier erstellt werden, oder wird ein Flipchart oder sogar eine Wandtafel dafür benötigt?
- War die Interaktion mit der Skizze zufriedenstellend? Wurde die Skizze nach der Sitzung weiterverwendet, beispielsweise während einer Workshop-Pause?

Diese sechs Schritte unterstützen Sie beim Erstellen und Testen Ihrer eigenen Skizziervorlagen. Schon bald werden Sie in der Lage sein, Ihre Skizzen flexibel und unter Zeitdruck einzusetzen. Dadurch werden Sie nicht nur mehr Aufmerksamkeit von Ihren Kollegen bekommen; Sie helfen Ihrem Team damit auch, bessere (weil faktenbasierte) Entscheidungen zu treffen. Und: Die getroffenen Beschlüsse werden dank der Visualisierung für alle beteiligten klar und bleiben besser in Erinnerung.

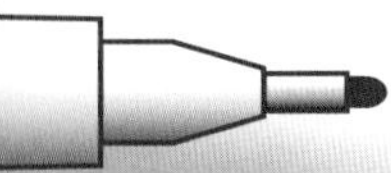

Um diese sechs Schritte zu illustrieren, nehmen wir als Beispiel das Thema Strategieimplementierung. Das Thema eignet sich als Skizziervorlage, da die Umsetzung von Strategien eine Herausforderung ist, mit der sich viele Führungskräfte, auf allen Ebenen, immer wieder konfrontiert sehen.

Wie würden Sie nun die Entwicklung einer Skizze für dieses wichtige, aber komplizierte Problem angehen? Lassen Sie uns zur Beantwortung dieser Frage nochmals alle sechs Schritte von eben durchgehen. Unsere Skizziermethode soll uns also helfen, Probleme bei der Strategieimplementierung sichtbar und in der Gruppe diskutierbar zu machen.

1. Kontext

Der Kontext für unsere Skizze ist die Implementierungssituation einer Geschäftsstrategie. Die Skizze soll uns den momentanen Stand der Strategieumsetzung oder mögliche Probleme und Varianten aufzeigen. Auch verwandte Kontexte können für die Skizze in Frage kommen, wie etwa der Umsetzungsstand eines Projektes oder einer Initiative.

2. Inhalt

Unsere Hauptinhalte für die Skizzenmethode sind die geplante Geschäftsstrategie einerseits sowie ihr effektiver Status andererseits. Die Skizze soll zeigen, inwiefern die geplante Strategie mit der bisher umgesetzten übereinstimmt. Zudem wäre es hilfreich, wenn wir situativ auch Strategieprobleme, Umfeldfaktoren oder wichtige Ereignisse in der Skizze abbilden könnten.

3. Format

Das grafische Format für die Skizze sollte möglichst einfach sein und auf das jeweilige Haupt-problem der Strategieumsetzung fokussieren. Dafür bedienen wir uns einer Idee des Strategie-Experten Henry Mintzberg, der einmal geplante und effektiv umgesetzte Strategien als zwei Flüsse oder Pfeile dargestellt hat. Durch nur zwei verschiedene Pfeile können wir eine große Bandbreite von Implementierungsszenarien abbilden und in der Gruppe besprechen. Wir unterscheiden dabei den strategischen Plan als blauen dicken Pfeil vom effektiv realisierten Implementierungsprozess als dünnen schwarzen Pfeil. Beide Pfeile gehen dabei (idealerweise) vom Status quo links in Richtung strategisches Ziel rechts. Je weiter sich der dünne schwarze Pfeil vom blauen Planpfeil entfernt, desto mehr unterscheiden sich strategischer Plan und betriebliche Wirklichkeit.

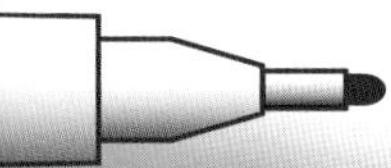

4. Interaktion

Um diese einfache Methode in der Gruppe interaktiv zu nutzen, starten wir mit dem blauen Planpfeil. Wir zeichnen diesen in der oberen Hälfte eines Flipcharts und fragen unsere Kollegen, wie genau diesem Plan momentan in der Strategieimplementierung entsprochen wird. Nehmen wir an, es herrscht Konsens in der Gruppe, dass die Strategieumsetzung gut begonnen hat, jetzt aber immer mehr von der eigentlichen Strategie abweicht. Visuell setzen wir dies um, indem wir einen schwarzen Pfeil unter dem Strategiepfeil zeichnen, der zuerst parallel läuft, sich dann aber immer mehr vom blauen entfernt. Nun analysieren wir gemeinsam, ab welchem Punkt diese Abweichung begonnen hat und warum, und wie man den Pfeil wieder näher an den Planpfeil heranbringen könnte. Dazu notieren wir Stichwörter an verschiedenen Positionen des schwarzen Pfeiles. Zum Schluss zeichnen wir den Implementierungspfeil weiter und notieren Maßnahmen für mehr Zielorientierung.

5. Iteration

Je nachdem, wie lange der Strategieprozess schon läuft und je nach Problemlage, können wir weitere Elemente auf den beiden Hauptpfeilen ergänzen. Eine einfache Möglichkeit, um schrittweise zusätzliche Elemente zu ergänzen, besteht darin, wichtige Ereignisse auf dem schwarzen Implementierungspfeil fest zu halten. Mit kleinen Symbolen wie Blitzen, Häkchen und Ausrufe- oder Fragezeichen signalisieren wir wichtige Momente im Implementierungsprozess. Alternativ können wir mit dieser Methode auch verschiedene Implementierungsszenarien abbilden und besprechen und so in der Gruppe mögliche Strategieprobleme antizipieren. Auf den nachfolgenden Seiten haben wir einige typische Implementierungsprobleme mittels dieser einfachen Methode abgebildet. Im Team können wir nun diskutieren, für welches Problem unser Strategieprozess besonders anfällig ist.

6. Evaluation

Nachdem wir diese Methode eingesetzt haben,
um strategische Umsetzungsprobleme im Team
zu besprechen, fragen wir unsere Kollegen, ob die
visuelle Unterstützung hilfreich und sinnvoll war.
Wir fragen nach, ob die beiden Pfeile wirklich in der
Lage sind, wichtige Probleme und Themen im Implementierungsprozess einer Strategie aufzuzeigen
und ob Sie die Diskussion in der Gruppe adäquat
unterstützen. Wir fragen auch nach Ergänzungen
oder Verbesserungsideen für die Methode. Braucht
es z.B. einen zusätzlichen dritten Pfeil, um die
anderweitigen Aktivitäten innerhalb der Organisation (oder diejenigen der Konkurrenz) im Auge zu
behalten? Müssen genauere Zeitangaben hinzuge-
fügt werden, damit die Visualisierung aussagekräf-
tig wird? Wir notieren alle Verbesserungsvorschläge
und Kritikpunkte und passen die Methode dement-
sprechend an.

Mit diesen sechs Schritten haben wir nun eine einfache und wirksame Skizziermethode entwickelt, die in
vielen Implementierungskontexten zum Einsatz gelangen kann. Die entscheidenden Punkte für die Entwicklung der eigenen Visualisierungsmethode waren die
klare Definition des Einsatzkontexts, die fokussierte
Auswahl des Inhalts und des dazu passenden Gra-
fikformates, die Ausarbeitung einer ansprechenden
Dramaturgie mit vielfältigen Interaktions- und Iterati-
onsmöglichkeiten sowie eine kritische Evaluation der
ersten Einsatzerfahrungen.

Auf den folgenden Seiten sehen Sie, wie diese Methode eingesetzt und variiert werden kann. Verschiedene
Herausforderungen und Konstellationen in der Strategieimplementierung können so mit nur zwei Pfeilen
ausgedrückt und besprochen werden.

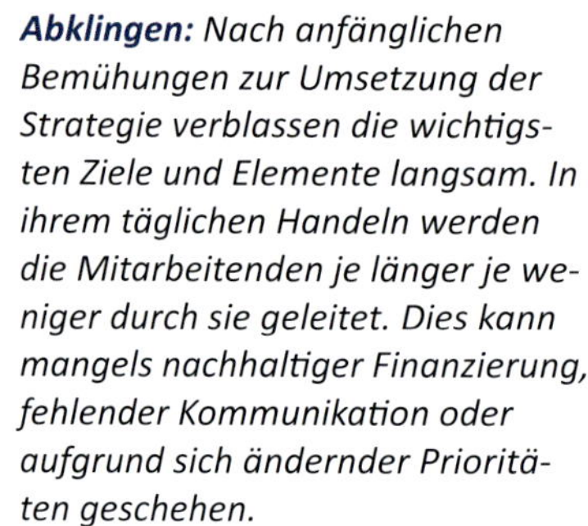

Abklingen: Nach anfänglichen Bemühungen zur Umsetzung der Strategie verblassen die wichtigsten Ziele und Elemente langsam. In ihrem täglichen Handeln werden die Mitarbeitenden je länger je weniger durch sie geleitet. Dies kann mangels nachhaltiger Finanzierung, fehlender Kommunikation oder aufgrund sich ändernder Prioritäten geschehen.

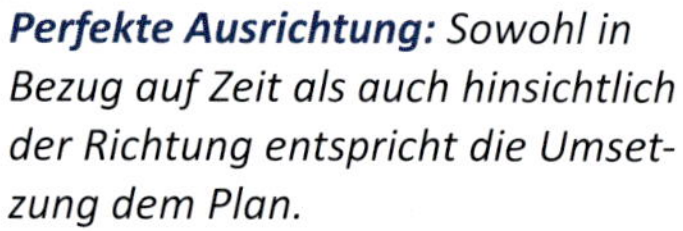

Perfekte Ausrichtung: Sowohl in Bezug auf Zeit als auch hinsichtlich der Richtung entspricht die Umsetzung dem Plan.

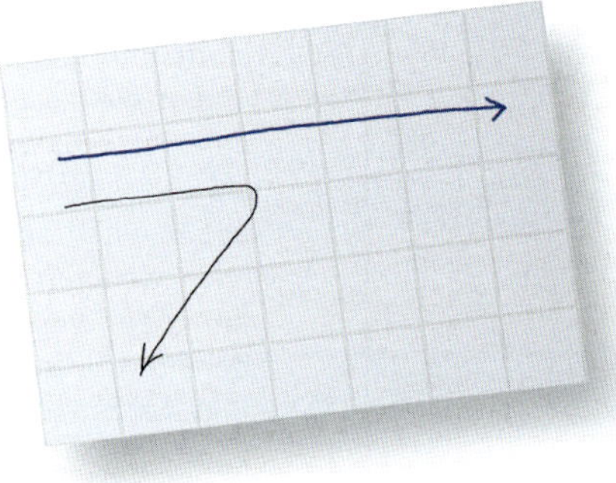

Rückzug: Weil sich die Mitarbeitenden entweder nicht mit der Strategie identifizieren können oder nicht in der Lage sind, diese umzusetzen, wird die gesamte Strategie nach kurzer Zeit wieder aufgegeben.

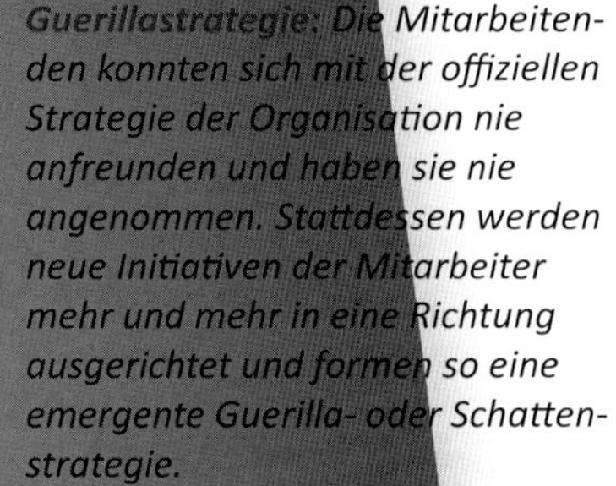

Guerillastrategie: Die Mitarbeiten-den konnten sich mit der offiziellen Strategie der Organisation nie anfreunden und haben sie nie angenommen. Stattdessen werden neue Initiativen der Mitarbeiter mehr und mehr in eine Richtung ausgerichtet und formen so eine emergente Guerilla- oder Schatten-strategie.

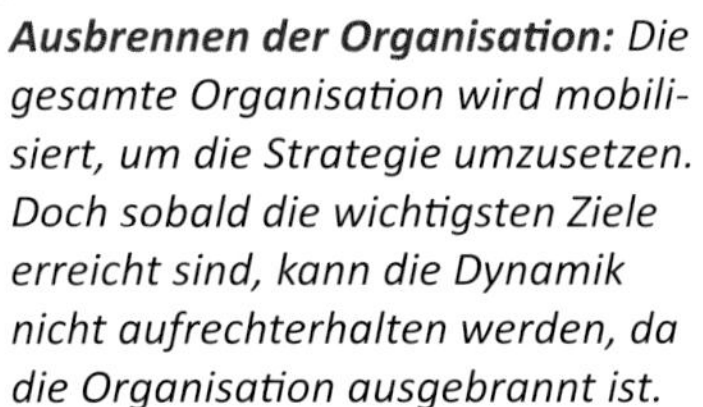

Ausbrennen der Organisation: *Die gesamte Organisation wird mobili-siert, um die Strategie umzusetzen. Doch sobald die wichtigsten Ziele erreicht sind, kann die Dynamik nicht aufrechterhalten werden, da die Organisation ausgebrannt ist.*

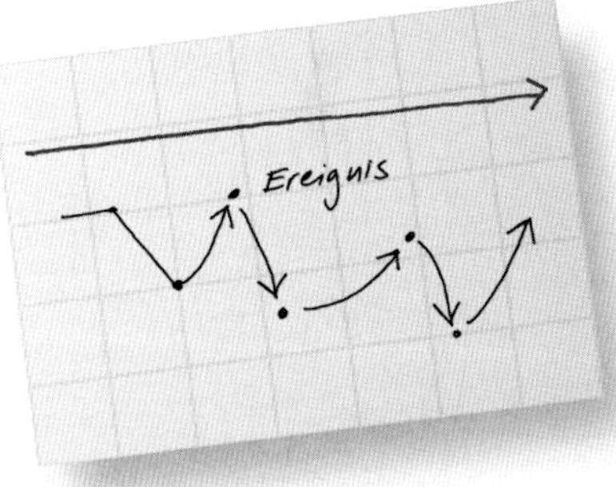

Ablenkung: *Ereignisse innerhalb der Organisation oder in deren Umfeld führen dazu, dass die Umsetzung der Strategie aus dem Ruder läuft. Nachdem diese Ablen-kung überwunden werden konnte, begibt sich die Organisation zurück auf den ursprünglichen Kurs der Strategie.*

Visionengetriebene Strategie:
Anstelle eines konkreten Planes gibt der Unternehmer seine Vision bekannt und ermutigt alle seine Mitarbeiter, in diese Richtung zu arbeiten.

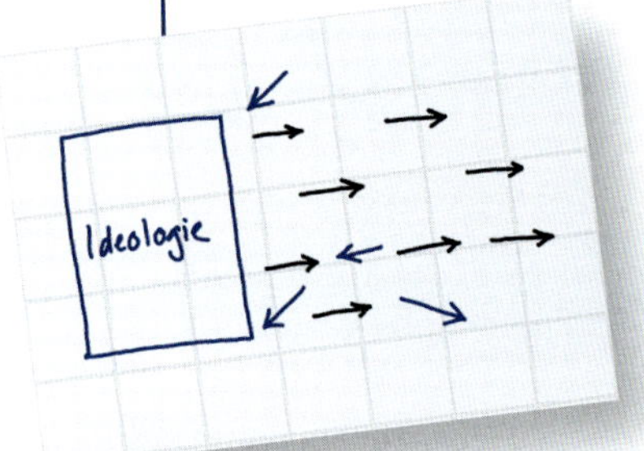

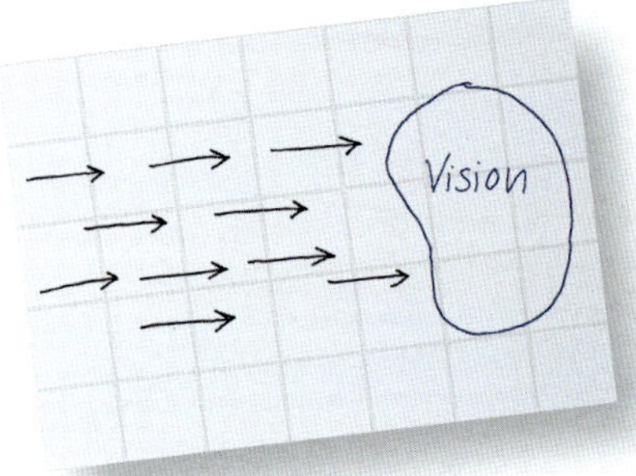

Ideologiegetriebene Strategie:
Es gibt keine klaren Pläne oder Ziele, sondern vielmehr eine starke Ideologie innerhalb der Organisation, welche unsichtbar das Handeln aller Mitarbeiter in eine bestimmte Richtung lenkt und Sanktionen bei abweichenden Initiativen erlässt.

Fluktuation: *So wie der CEO häufig durch einen anderen ersetzt wird, ändern sich auch die strategischen Pläne der Organisation. Dadurch hat sie keine Möglichkeit, einen solchen strategischen Plan vollständig umzusetzen.*

Korridorstrategie: Solange sich die strategischen Initiativen an die definierten strategischen Leitlinien halten, können diese innerhalb des Korridors parallel durchgeführt werden.

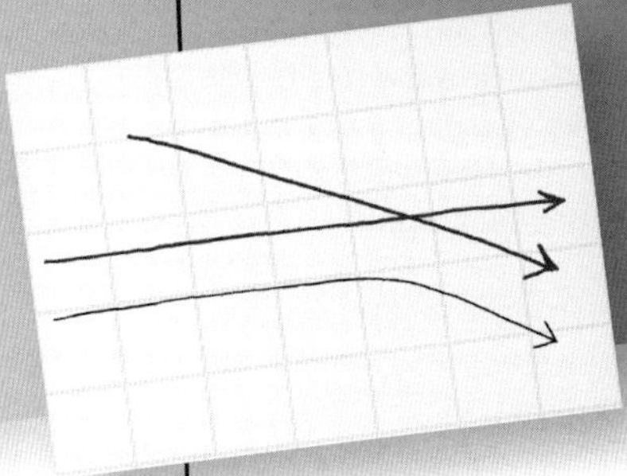

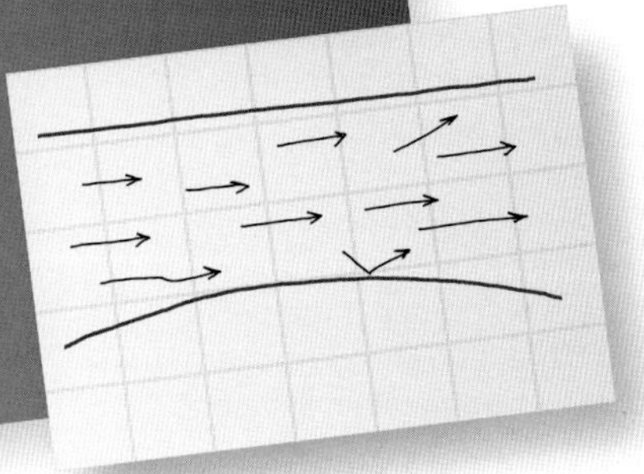

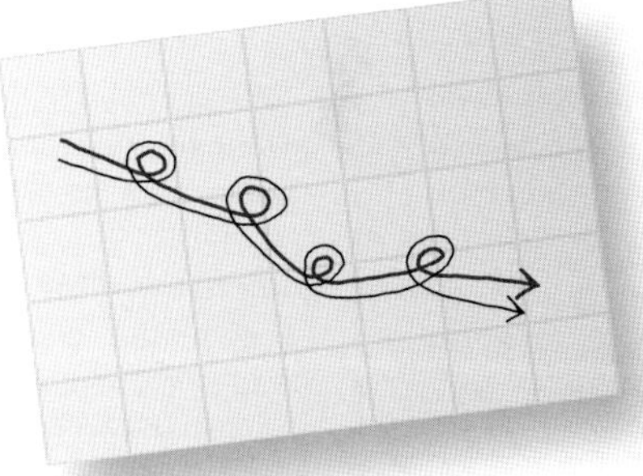

Auferlegte Strategie: Der ursprüngliche strategische Plan wird während der Implementierungsphase durch einen anderen ersetzt, beispielsweise weil die Organisation von einem Mitbewerber übernommen wurde oder sie sich eine neue strategische Agenda gegeben hat.

Strategie als gemeinsame Iteration: Die Mitarbeiter und das Management entwickeln die Strategie gemeinsam und überprüfen häufig den Fortschritt der Umsetzung, um anschließend Anpassungen aufgrund der gemachten Erfahrungen vorzunehmen.

9. ÜBUNGEN
WEGE ZU MEHR VISUALISIERUNGSKOMPETENZ

Im Folgenden haben wir eine Reihe von einfachen Übungen zusammengestellt, die Ihnen dabei helfen sollen, Ihre Skizzierfähigkeiten auszubauen.

Wir haben diese Methoden in verschiedenen Seminaren, in MBA- und Master-Studiengängen ausprobiert und sind überzeugt, dass diese Methoden Ihren persönlichen Lernfortschritt zu beschleunigen vermögen und Ihnen dabei helfen, Ihre konzeptionellen Skizzierfähigkeiten zu verbessern.

Diese Übungen erfordern nicht viel Zeit oder Aufwand, geben Ihnen aber eine einfache Möglichkeit, die Technik des Skizzierens sofort anzuwenden.

1. Skizziervorlagen klassifizieren

Überlegen Sie sich ein neues, nützliches Klassifikationsschema zur Gruppierung der 35 Skizziervorlagen, die Sie im visuellen Index dieses Buches finden. Wie könnten Sie diese Vorlagen in einer sinnvollen Art und Weise neu gruppieren?

Beispiele für mögliche Klassifizierungen:
- Nach Schwierigkeitsgrad (von den einfachen zu den schwierigeren Skizzen).
- Nach Geschwindigkeit der Erstellung (von rasch zu erstellenden zu langsam zu erstellenden Skizzen).
- Nach kreativen (wie beispielsweise die Erfolgspfad-Methode) oder analytischen Skizzen (wie z.B. Skizzenzeichen).
- Nach rückwärts oder vorwärts orientierten Skizzen.

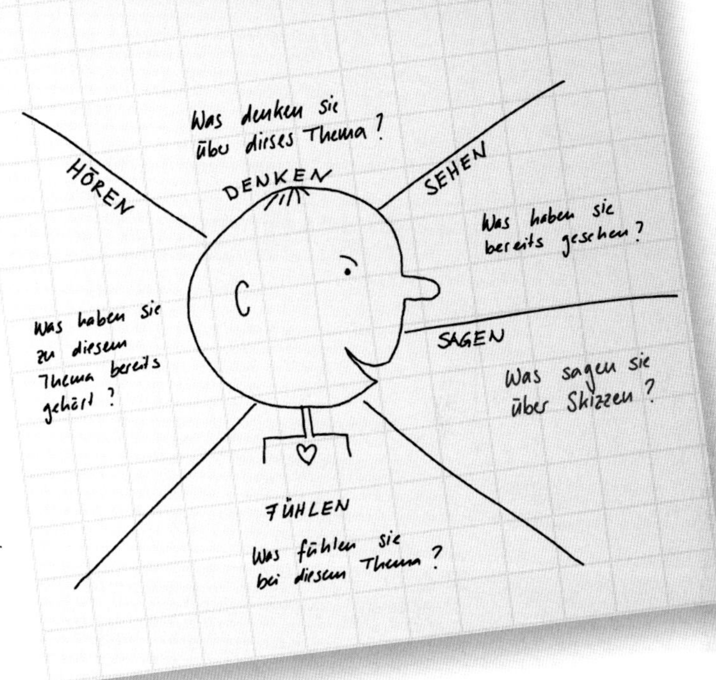

2. Skizzieren Sie eine Empathiekarte

Zeichnen Sie eine Empathiekarte, welche die aktuelle Sicht Ihrer Kollegen auf die Arbeit mit Skizzen zusammenfasst.

Schreiben Sie folgende Elemente in die Struktur der Empathiekarte:

- Was die Kollegen in Bezug auf Skizzen bereits gesehen haben (wie etwa Beispiele).
- Was sie bereits gehört haben (von anderen Arbeitskollegen oder Experten).
- Was sie darüber gesagt haben (beispielsweise Alternative zu Folienpräsentationen).
- Was sie darüber denken (beispielsweise offene Fragen oder Vorteile der Skizziertechnik).
- Was sie in Bezug auf Skizzen fühlen (beispielsweise Ängste oder Hoffnungen).

3. Welche Vorlage eignet sich für die Situation?

Stöbern Sie im Werkzeugkasten-Kapitel dieses Buches und identifizieren Sie jeweils eine Vorlage, welche zur folgenden Situation passt:

- Einen Teamkonflikt zu einem bestimmten Thema lösen.
  Mögliche Vorlage(n): __________________
- Ihren Vorgesetzten überzeugen, Ihnen eine Lohnerhöhung zu gewähren.
  Mögliche Vorlage(n): __________________
- Ihre Teammitglieder auf einen Projektplan einschwören.
  Mögliche Vorlage(n): __________________
- Die Unternehmensvision an Außenstehende kommunizieren.
  Mögliche Vorlage(n): __________________
- Die Ideenfindung in Ihrem Team unterstützen.
  Mögliche Vorlage(n): __________________
- Ihr Geschäftsmodell analysieren.
  Mögliche Vorlage(n): __________________
- Eine Tischrede vorbereiten.
  Mögliche Vorlage(n): __________________

4. Präsentieren Sie Ihr Projekt

Wählen Sie eine der Vorlagen, um eines Ihrer aktuellen Projekte einem Arbeitskollegen in fünf Minuten zu präsentieren.

Zeichnen Sie die Skizze direkt vor Ihrem Gegenüber, während Sie sprechen.

5. Entwickeln Sie Ihre eigene Vorlage

Folgen Sie den im Kapitel 8 beschriebenen sechs
Schritten und entwickeln Sie Ihre eigene Vorlage für
eine wiederkehrende Diskussion in Ihrem Unternehmen oder Team.

Stellen Sie dabei sicher, dass Ihre Vorlage den Kriterien für KLARE Skizzen entspricht.

Versuchen Sie nun, einfache Skizzen in Ihrem Arbeitsalltag einzusetzen, um sich von bloßen Übungen
wegzubewegen und Ihre Skizzierfähigkeiten in realen
Arbeitssituationen zu testen:

- Integrieren Sie eine Ad-hoc-Skizze auf einem
  Flipchart während Ihrer nächsten Folienpräsentation.
- Fügen Sie zwei oder drei skizzierte Folien in Ihrer
  nächsten Präsentation ein.
- Integrieren Sie in Ihrem nächsten Workshop eine
  interaktive Skizzierübung.
- Analysieren Sie ein Problem, mit dem Sie derzeit
  kämpfen, mittels Skizziervorlagen aus diesem
  Buch (verwenden Sie beispielsweise die Skizze
  der Erfolgspfad-Methode oder den Problemeisberg).
- Erläutern Sie einem Arbeitskollegen eine Idee,
  indem Sie diese auf einer Serviette skizzieren.
- Führen Sie die nächste Sitzung, die Sie leiten,
  mithilfe einer Sitzungsagenda auf dem Flipchart.

Viel Erfolg!

LITERATURVERZEICHNIS

Anderson, R.E. und Helstrup, T. (1993). *Visual Discovery in Mind and on Paper.* In: Memory and Cognition 21 (3), S. 283-293.

Blackwell, A.F., Church, L., Plimmer, B. und Gray, D. (2008). *Formality in Sketches and Visual Representation: Some Informal Reflections.* In: Plimmer, B. und Hammond, T. (Hrsg.). Proceedings of the VL/HCC Workshop. Herrsching am Ammersee, S. 11–18.

Bohm, D. (2000). *Der Dialog. Das offene Gespräch am Ende der Diskussionen.* Stuttgart.

Buxton, B. (2007). *Sketching User Experiences: Getting the Design Right and the Right Design.* San Francisco, CA.

Connolly, T., Routhieaux, R. und Schneider, S. (1993). *On the Effectiveness of Group Brain Storming – Test of an Underlying Cognitive Mechanism.* In: Small Group Research 24 (4), S. 490-503.

Clarke, P. und George, J. (2005). *Big Box Thinking: Overcoming Barriers to Creativity in Manufacturing.* In: Design Management Review 16 (2), S. 42–48.

Duarte, N. (2008). *Slide:ology: The Art and Science of Creating Great Presentation.* Sebastopol, CA.

Eppler, M.J. und Pfister, R.A. (2010). *Drawing Conclusions: Supporting Decision Making through Collaborative Graphic Annotations.* In: IEEE Proceedings of the International Conference on Information Visualization. London, S. 369-374.

Eppler, M.J. und Pfister, R.A. (2012). *Paths to Success: A Sketch-based Creativity Technique for Individuals and Teams.* In IEEE Proceedings of the International Conference on Information Visualization. Montpellier.

Eppler, M.J. und Platts, K. (2009). *Visual Strategizing: The Systematic Use of Visualization in the Strategic Planning Process.* In: Long Range Planning LRP – International Journal of Strategic Management 42 (1), S. 42–74.

Ferguson, E.S. (1992). *Engineering in the Mind's Eye.* Cambridge, MA.

Fish, J. und Scrivener, S. (1990). *Amplifying the Mind's Eye: Sketching and Visual Cognition.* In: Leonardo 23 (1), S. 117–126.

Goldschmidt, G. (1994). *On Visual Design Thinking: The Vis Kids of Architecture.* In: Design Studies 15 (2), S. 158–174.

Gray, D., Brown, S. und Macanufo, J. (2010). *Gamestorming: A Playbook for Innovators, Rulebreakers, and Changemakers.* Sebastopol, CA.

Hamel, R. und Hennessey, J.M. (1998). *Sketching and Creative Discovery.* In: Design Studies 19 (4), S. 519–546.

Heiser, J., Tversky, B. und Silverman, M. (2004). *Sketches for and from Collaboration.* www.psych.stanford.edu/~bt/gesture/papers/vr04.pdf, abgerufen am 21. Dezember 2009.

Henderson, K. (1991). *Flexible Sketches and Inflexible Data Bases: Visual Communication, Conscription Devices, and Boundary Objects in Design Engineering.* In: Science, Technology & Human Values 16 (4), S. 448–473.

Isaacs, W. (1999). *Dialogue and the Art of Thinking Together. A Pioneering Approach to Communicating in Business and in Life.* New York, NY.

Landay, J. A., und Myers, B. A. (1995). *Interactive sketching for the Early Stages of User Interface Design.* In: Proceedings of the SIGCHI Conference on Human Factors in computing systems. Denver, CO, S. 43–50.

Mayer, C. (2007). *Hieroglyphen der Psyche: Mit Patientenskizzen zum Kern der Psychodynamik.* Berlin.

McGown, A. und Green, G. (1998). *Visible Ideas: Information Patterns of Conceptual Sketch Activity.* In: Design Studies 19 (4), S. 431–453.

Paulus, P.B. und Nijstad, B. (2003). *Group Creativity.* Oxford.

Pfister, R.A. und Eppler, M.J. (2012). *The Benefits of Sketching for Knowledge Management.* In: Journal of Knowledge Management 16 (2), S. 372–382.

Roam, D. (2009). *The Back of the Napkin: Solving Problems and Selling Ideas with Pictures.* New York, NY.

Schulz-Hardt, S. und Brodbeck, F.C. (2007). *Gruppenleistung und Führung.* In: Jonas, K., Stroebe, W. und Hewstone, M. (Hrsg.). Sozialpsychologie. 5. Aufl. Heidelberg, S. 443–486.

Hewstone, M. und Stroebe, W. (2001). *Introduction to Social Psychology: A European Perspective.* 4. Aufl. Hoboken, NJ, S. 264–289.

Tversky, B. (2002). *What do Sketches Say about Thinking.* In: Proceedings of the AAAI Spring Symposium. www.aaai.org/Papers/Symposia/Spring/2002/SS-02-08/SS02-08-022.pdf, abgerufen am 12. Juli 2011.

Tversky, B. und Suwa, M. (2009). *Thinking with Sketches.* In: Markman, A.B. und Wood, K.L. (Hrsg.). Tools for Innovation: The Science behind the Practical Methods that Drive Innovation. Oxford, S. 75–85.

Tversky, B, Zacks, J., Lee, P. U. und Heiser, J. (2000). *Lines, Blobs, Crosses, and Arrows: Diagrammatic communication with Schematic Figures.* In: Anderson, M., Cheng, P. und Haarslev, V. (Hrsg.). Theory and Application of Diagrams. Berlin, S. 221–230.

Verstijnen, I.M., van Leeuwen, C., Goldschmidt, G., Hamel, R. und Hennessey, J.M. (1998). *Sketching and Creative Discovery.* In Design Studies 19 (4), S. 519–546.

ÜBER DIE AUTOREN

Martin J. Eppler, Prof. Dr. sés.

ist Ordinarius für Medien- und Kommunikationsmanagement an der Universität St. Gallen (HSG) in
der Schweiz und geschäftsführender Direktor des
Instituts für Medien- und Kommunikationsmanagement (www.mcm.unisg.ch). In seiner Forschung,
Lehre und Beratung beschäftigt er sich mit der Frage, wie Wissen besser kommuniziert und genutzt
werden kann und dies vor allem zwischen Managern und Spezialisten (z.B. durch Visualisierung und
klare Sprache). Seine weiteren Forschungsfelder
sind Strategiekommunikation und Wissensmanage-
ment. Er ist Autor von elf Büchern und über 100
wissenschaftlichen Artikeln. Er ist

bzw. war Gastprofessor an verschiedenen Univer-
sitäten in Europa, Asien und Südamerika. Martin
Eppler ist der Erfinder der Visualisierungssoftware
www.lets-focus.com und des visuellen Manage-
ment-Kartensets www.collabcards.com (zusammen
mit Roland Pfister und Friederike Hoffmann). Er
war als Berater tätig für Organisationen wie die
UNO, die UBS, Philips, Bain, das Schweizer Militär,
Daimler, Swiss Re, Ernst & Young u.a.

Roland A. Pfister, lic. oec. HSG

ist wissenschaftlicher Mitarbeiter und Manage-
menttrainer am =mcm *institute*, Institut für Medien-
und Kommunikationsmanagement der Universität
St.Gallen (HSG). Er besitzt einen Master-Abschluss in
Betriebswirtschaft für kleine und mittlere Unternehmen der Universität St.Gallen. Nach Abschluss seiner
Masterarbeit im Bereich des Humanressourcen-Ma-
nagement war er zwei Jahre als IT-Berater im Bereich
der Core-Banking-Anwendungen für Accenture, einem
großen Consulting-Unternehmen, und weitere drei
Jahre als Senior Business Analyst für die Credit Suisse
Group tätig. In seiner Forschung untersucht er, wie
sich die Technik des Skizzierens in

Managementprozessen (insbesondere im Bereich der
quantitativen Visualisierung) auf die Entscheidungsfindung auswirkt. Neben seiner Forschungsarbeit berät
er Managementteams in Unternehmen und unterrich-
tet in Kursen des MBA der Universität St.Gallen. Alle
Skizzen in diesem Buch wurden von ihm von Hand
gezeichnet.

DANKSAGUNG

Sketching at Work entstand aus der Zusammenarbeit der beiden Autoren mit Firmen, Freunden, Studierenden, Kursteilnehmern, Wissenschaftern und inspirierenden Helfern und Vorbildern.

Bei ihnen allen möchten wir uns herzlich für die zahlreichen Impulse und die gute Unterstützung bedanken.

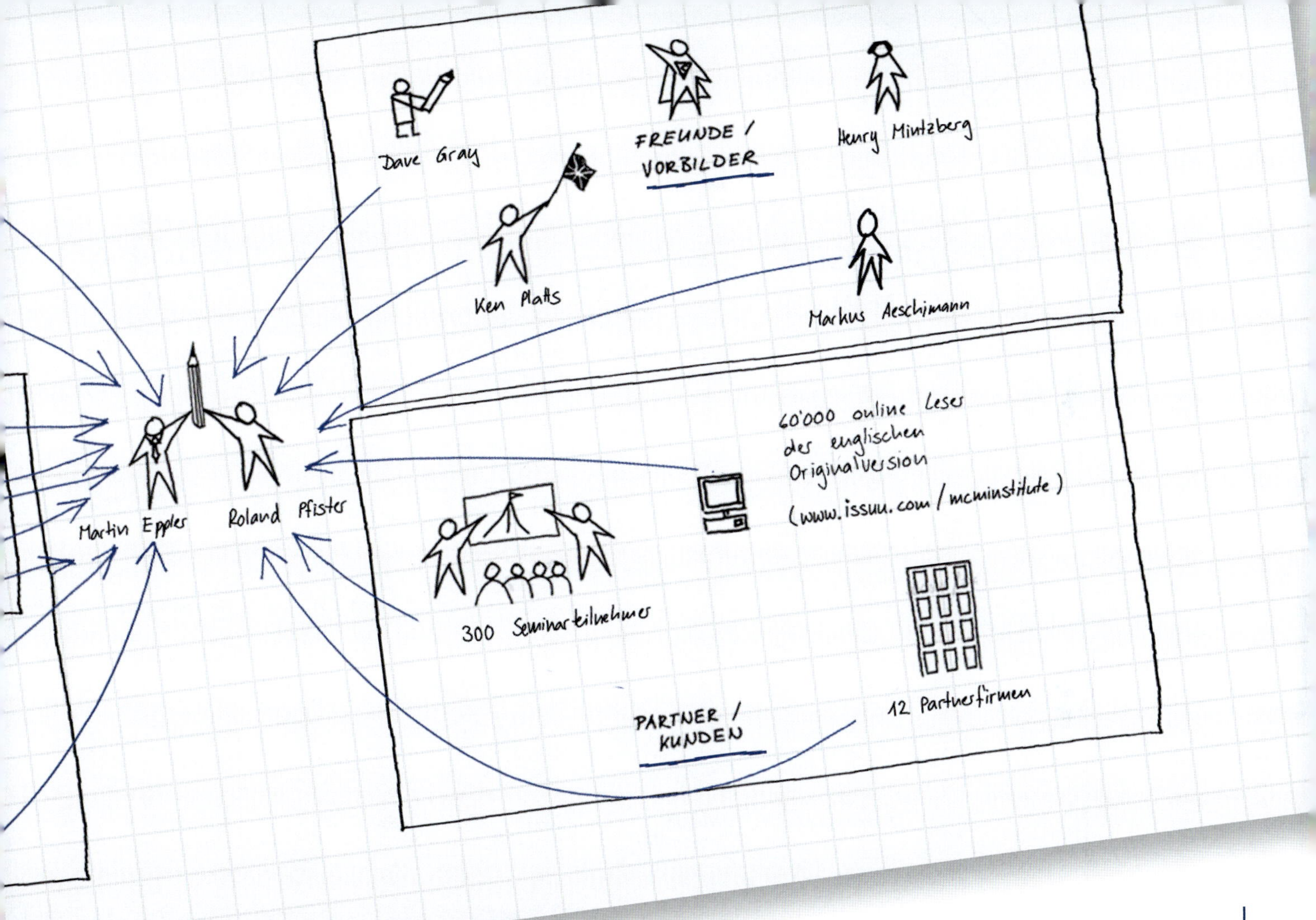

Dave Gray
FREUNDE / VORBILDER
Henry Mintzberg
Ken Platts
Markus Aeschimann
Martin Eppler
Roland Pfister
60'000 online Leser der englischen Originalversion (www.issuu.com / mcminstitute)
300 Seminarteilnehmer
PARTNER / KUNDEN
12 Partnerfirmen

VISUELLER INDEX

ALLE VORLAGEN AUF EINEN BLICK

Analyse

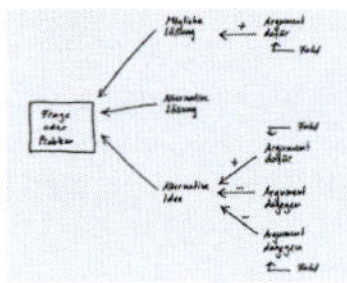

Argumentations-skizze (32)

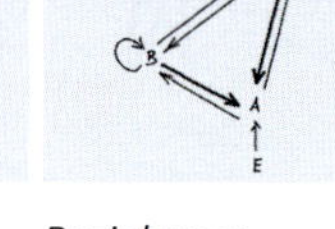

Beziehungs-skizze (36)

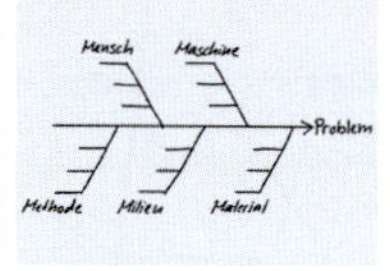

Fischgräte-grafik (48)

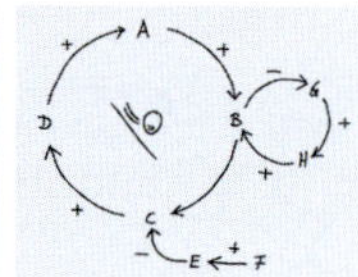

Netzwerk-skizze (56)

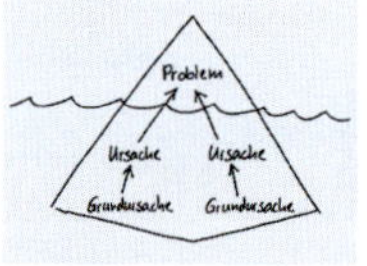

Problem-eisberg (58)

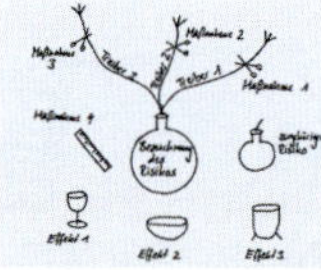

Risikolunte (62)

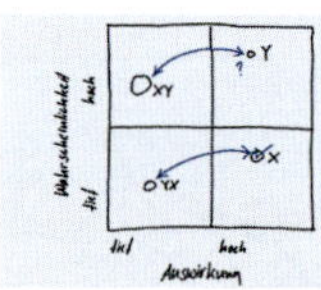

Risikomatrix (64)

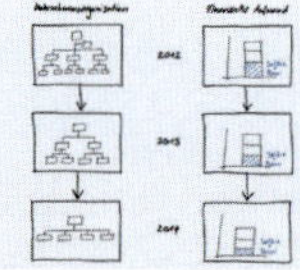

Sequenz-skizze (66)

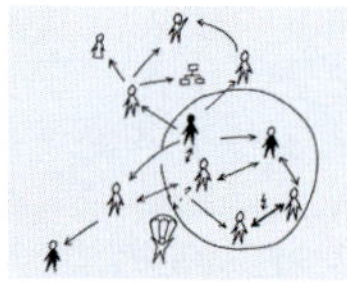

Soziales Netzwerk (72)

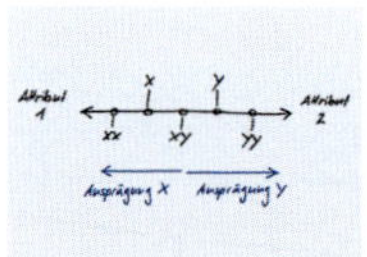

Spektrum (74)

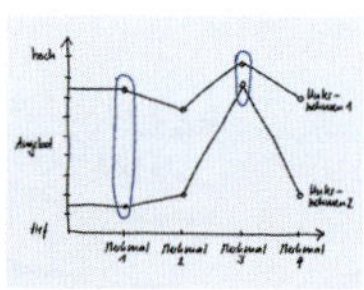

Strategy Canvas (76)

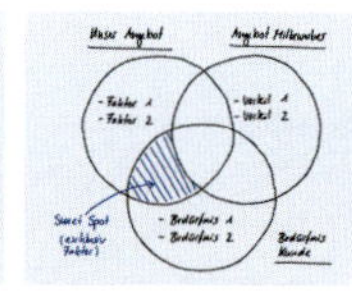

Sweet Spot (78)

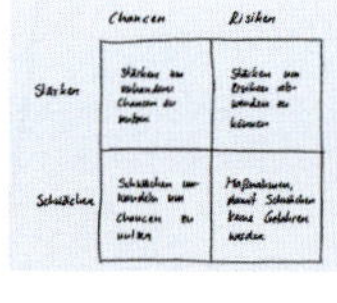

SWOT (80)

Kommunikation

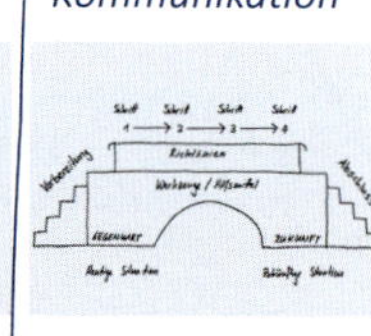

Brücke (38)

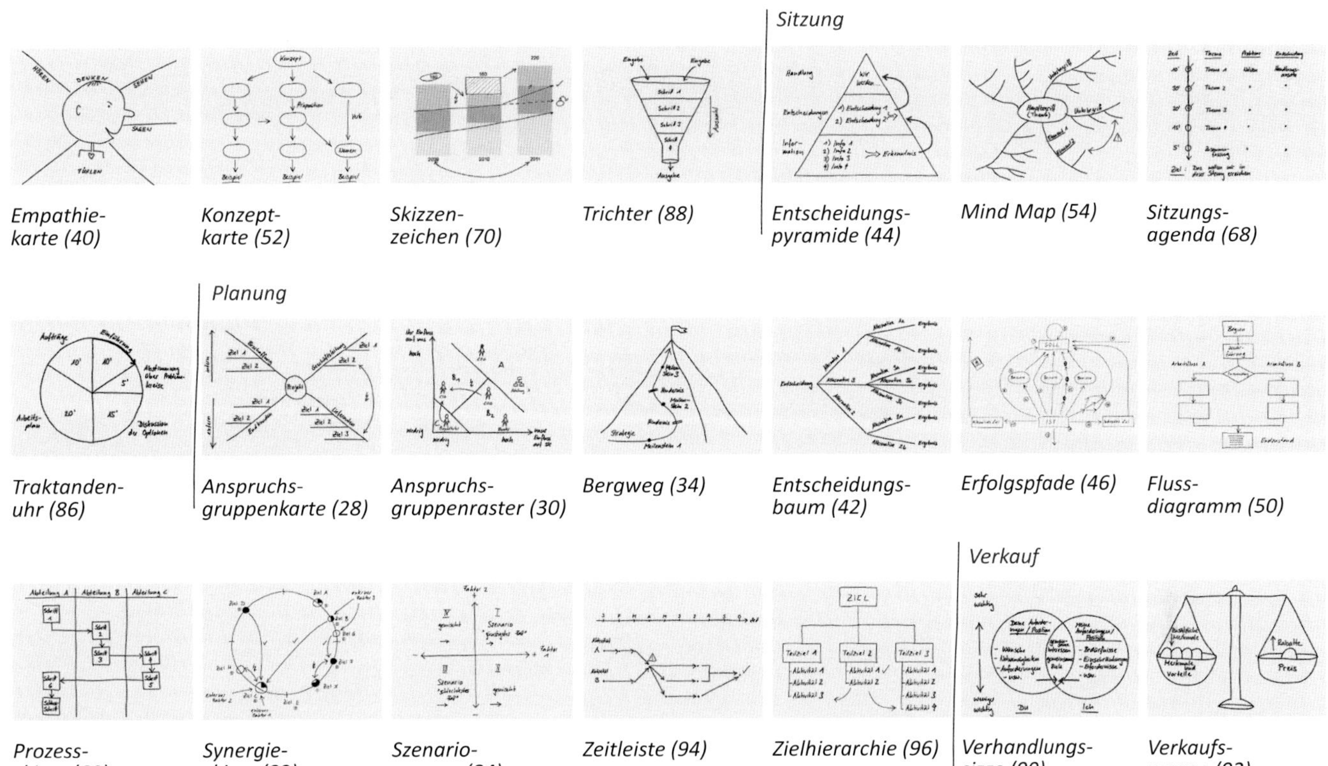

Sitzung

Empathie-karte (40) · Konzept-karte (52) · Skizzen-zeichen (70) · Trichter (88) · Entscheidungs-pyramide (44) · Mind Map (54) · Sitzungs-agenda (68)

Planung

Traktanden-uhr (86) · Anspruchs-gruppenkarte (28) · Anspruchs-gruppenraster (30) · Bergweg (34) · Entscheidungs-baum (42) · Erfolgspfade (46) · Fluss-diagramm (50)

Verkauf

Prozess-skizze (60) · Synergie-skizze (82) · Szenario-gramm (84) · Zeitleiste (94) · Zielhierarchie (96) · Verhandlungs-sizze (90) · Verkaufs-waage (92)